思维模型

高效能人士的50种人生算法

李波———著

重慶出版集團 重慶出版社

图书在版编目（CIP）数据

思维模型：高效能人士的50种人生算法 / 李波著. -- 重庆：重庆出版社，2024.1
ISBN 978-7-229-18120-8

Ⅰ.①思… Ⅱ.①李… Ⅲ.①思维方法 Ⅳ.①B804

中国国家版本馆CIP数据核字（2023）第207408号

思维模型：高效能人士的50种人生算法
SIWEI MOXING : GAOXIAONENG RENSHI DE 50 ZHONG RENSHENG SUANFA

李　波　著

出　　　品：	华章同人
出版监制：	徐宪江　秦　琥
特约策划：	乐律文化
责任编辑：	李　翔
特约编辑：	曹福双　张晴晴
营销编辑：	史青苗　刘晓艳
责任校对：	陈　丽
责任印制：	梁善池
封面设计：	MM末末美书 QQ:974364105

重庆出版集团
重庆出版社　出版

（重庆市南岸区南滨路162号1幢）
三河市嘉科万达彩色印刷有限公司　印刷
重庆出版集团图书发行公司　发行
邮购电话：010-85869375
全国新华书店经销

开本：880mm×1230mm　1/32　印张：10　字数：190千
2024年1月第1版　2024年1月第1次印刷
定价：59.80元

如有印装质量问题，请致电023-61520678

版权所有，侵权必究

序言

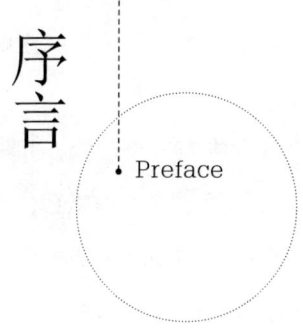
Preface

多年以来,有个疑问一直困扰着我——抛开运气、出身等我们无法左右的客观因素,到底是什么造成了人和人之间的巨大差距?

经过多年的观察、学习、实践和总结,我发现拉开人与人之间差距的根本原因并不是平时我们所看重的那些外在条件,诸如天赋、外貌、学历、资源、人脉、努力程度等,而是一个人的思维方式和认知能力。

电影《教父》中有一句非常经典的台词:"用一秒钟就能看透事物本质的人和用半辈子都看不清事物本质的人,

他们的命运注定是不同的。"

如果你对自己目前的状态不是很满意，而你又想要改变现状，那么首先你需要改变的就是你的思维方式。

对于这一点，我相信很多人都能理解，但要想真正做到却是非常困难的。

为什么那么难呢？因为在心理学中有一个现象，叫作"邓宁—克鲁格效应"。简单地说，如果一个人很愚蠢，他是发现不了自己愚蠢的，因为发现自己的愚蠢需要相当高的智慧。科学哲学家卡尔·波普尔曾说："任何时候，我们都是被关进自己认知框架的囚徒。"

所以，在一定程度上，我们是很难通过自我约束和自我省察来改变自己的思维方式的。要想完成思维方式的转变，提高认知能力，唯一的办法就是学习高水平的思维方法，建立思维模型。

在阅读了大量的书籍、研究了众多商业以及个人的成功案例之后，我总结出了高手们最常用的思维方法和思维模型，来帮助你提升自我效能、放大个体价值、完成认知升级、实现人生跃迁。

无论你是打算在职场中"打怪"升级，还是在创业中提高核心竞争力，抑或想要活出更优秀的自己，首先要建立思维模型，从而更好地向高效能人士的成功之路进发。

你要始终相信，改变自己，必须从改变思维方式开始。

目录

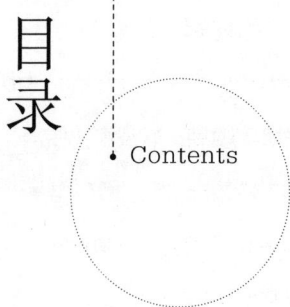
Contents

第一章　人生战略 ·········· 001

1. 格局思维：从四个维度，放大你的格局 / 003

2. 价值思维：找到高价值区，战略性专注 / 011

3. 战略思维：什么是战略，如何制定人生战略 / 018

4. 窄门思维：困难的路越走越简单，简单的路越走越困难 / 023

5. 杠铃思维：如何用最小的风险，博取最大的收益 / 029

6. 交响思维：让自己成为创造力最强的"复合型人才" / 034

7. 转折思维：遭遇中年危机是因为年轻时不够努力？错，它标志着人生的新起点 / 039

8. 愿景思维：野心只能带来一时的成功，伟大的使命才能让基业长青 / 045

9. 渐进思维：永不止息的涓涓细流，远比波涛汹涌的海浪可怕得多 / 053

10. 减法思维：摆脱外物束缚，重新定义幸福 / 059

第二章 认知升维 065

11. 长跑思维：硬技能让你走得更快，软技能让你走得更远 / 067

12. 幸存思维：普通人最容易踩的坑，是成功者的光环效应 / 072

13. 直觉思维：小决定靠大脑，大决定听内心，正确的决定常出自心灵和直觉 / 077

14. 运气思维：除了努力，还有哪些方法能让你越来越幸运 / 082

15. 系统思维：决定成败的关键并非任何局部优势，而是整个系统的能力 / 088

16. 顺势思维：尽力而为不如顺势而为，事与愿违之后有更好的安排 / 096

第三章 自我管理 101

17. 情商思维：脾气好、会说话不等于高情商，情商高低取决于四种元能力 / 103

18. 支点思维：改变命运的第一步先做什么？找到支点就实现了一半 / 108

19. 习惯思维：简单到不可能失败的习惯养成法 / 112

20. 精读思维：读书没收获，是因为你没有掌握正确的方法 / 118

21. 极简思维：最完整的"断舍离"法则，别让过剩的物品毁了你的生活 / 124

22. 冻龄思维：为何有的人容貌比实际年龄小很多 / 129

23. 隔离思维：对未来最大的慷慨，是把一切都献给现在 / 137

第四章　人生跃迁 ………………………… 141

24. 余闲思维：穷人越来越穷，往往是因为没有余闲 / 143

25. 富人思维：被动资产比收入更重要 / 149

26. 唤物思维：具有足够强烈的渴望，是成功最重要的条件，没有之一 / 155

27. 迭代思维：失败不是因为没能力做好，而是总想一开始就能做得很好 / 161

28. 增量思维：别让你所拥有的，成为你的局限 / 165

29. 破局思维：人生如一盘棋，三招助你破除死局 / 171

30. 概率思维：在未来不确定的情况下，如何作出最优决策 / 176

31. 多元思维：突破人生瓶颈，你需要建立多元思维模型 / 183

第五章　个人品牌 ……………………………… 189

32. 头部思维：互联网时代，如何打造个人 IP 和个人品牌 / 191

33. 跨界思维：快速变化的时代，如何建立多维竞争力 / 199

34. 斜杠思维：跨界开展副业的好处不只是多一份收入 / 205

35. 故事思维：未来属于会讲故事的人，如何讲出一个好故事 / 211

36. 算法思维：你能取得多大成就，由一个公式决定 / 220

第六章　事业破圈 ……………………………… 225

37. 涟漪思维：让每一分努力，创造指数级收益 / 227

38. 产品思维：乔布斯留给世界最宝贵的遗产，是他的四大产品哲学 / 232

39. 营销思维：不用几个心理学套路，都不好意思说自己是卖货的 / 238

40. 创新思维：打造优秀的产品，首先要建立"系统创新思维" / 244

41. 借力思维：解决问题的钥匙，一定不在问题产生的地方 / 250

42. 承启思维：产品创新并非脑洞越大越好，好创意要先继承再突破 / 255

43. 遍历思维：好创意未必来自聪明人的灵感，最笨的办法往往是最好的 / 259

44. 柔道思维：如何在商业竞争中战胜比自己强大的对手 / 263

45. 风险思维：稳定是最大的风险，爱折腾反而更安全 / 268

第七章 人际关系 ········· 273

46. 反射思维：人际关系的本质，是你与自己的关系 / 275

47. 原则思维：应对复杂的人际关系，只需要最简单的原则 / 283

48. 界限思维：珍惜友谊，一定要把握朋友间的界限 / 290

49. 类聚思维：择偶的底层规律是什么，大数据告诉你答案 / 297

50. 弱联思维：真正帮到你的人，往往都跟你不熟 / 303

参考书目 ········· 308

— Mental Models —

要想比别人更卓越,绝对离不开多元思维,
强有力的思维模型,帮你开启十倍速人生!

- 第一章 -

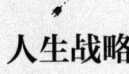

人生战略

战略上,最漫长的迂回道路,常常又是达到目的的最短途径。
——利德尔·哈特

1. 格局思维：从四个维度，放大你的格局

格局思维，顾名思义，我们要从人的格局入手。

为什么要讲格局呢？因为格局决定了一个人能力的上限。俗话说，再大的饼也大不过烙它的锅。你有多大格局，就能做多大事业。

格局之所以重要，是因为它不仅决定了一个人当下的行为，而且对一个人整个人生的走向也有着深刻而长远的影响。在人生的初始阶段，有的人也许会凭借智商、勤奋，以及一些资源优势在竞争中取得领先地位，但他的人生高度最终是由格局来决定的。

平时谈到"格局"这个词，我们会觉得它是比较抽象的，有点类似于"幸福""爱情"这些词语，听起来好像人人都懂，却又不知道具体该怎么定义、如何衡量。就像曾经有人问哲学家奥古斯丁："什么是时间呢？"奥古斯丁说："当你不问这个问题的时候，我还知道时间是什么，可你这么一问，我就不知道了。"

在理解格局的时候，我们不妨将格局划分为四个维度：全局的视角、深刻的洞察、长远的眼光、诚信的品格。

下面我们就对这四个维度一一进行剖析，尽可能让你充分理解格局的具体含义。

全局的视角

什么是全局的视角呢？先给大家讲一件我亲身经历的事情。

2010年1月30日，铁路客户服务中心12306试运行，这代表着铁路互联网售票的开始，但随之引发了一波争议。网络上，针对网络购票平台的推出是否合理的争论十分激烈。

为什么会有人反对呢？他们认为，网络购票损害了老年人和农民工的利益，因为他们不会上网，在春运高峰期的时候根本抢不到回家过年的车票，所以网络购票平台的推出，对这些弱势群体来说，太不公平了。持赞成意见的人则认为，网络购票为大多数人提供了便利，不能为了迁就少数人而让所有人跟着一起不方便。

双方各执一词，高下难分。

在多数人看来，这个问题的答案其实很明显，网上购票顺应了时代发展，为人们提供了更加便利的服务，一定是合理的。但当时在面对反对意见的时候，支持的一方却无法提出一个有说服力的理由来解释为什么可以对某些人不公平。

后来我在网上看到一位经济学家写的一篇文章，对这一类问题的分析十分到位。大概意思是，本质上，这其实是一个效率和公平如何权衡的问题。中学《道德与法治》课本上曾介绍了一个原则，叫作"效率优先、兼顾公平"。为什么要效率优先呢？因为这个世界上并没有绝对的公平。公平的背后，常常含有效率的考量，而考量的范围既不是个人，也不是某个群体，而是整个社会。

人们能在网上购买火车票，从全社会的范围来看，可以节约大量的时间成本，提高效率，从而创造出更多的社会价值，可以让全国人民都受益。而那些不会上网的弱势群体，也是社会整体进步的受益者之一。一言以蔽之，就是网络购票政策的出台，让全社会的整体利益远远大于小部分人的损失，所以这是正确的选择。

我们可以看到，对于同一件事，有的人是站在个体的角度来看待的，也有的人是站在某个群体的角度去观察的，还有的人是站在整个国家、社会乃至全人类的立场进行思考的。同一个人站在不同的角度和高度，就会产生不同的想法和行为。有大格局的人在面对问题时，总是能顾全大局，在更高的层面上去观察、思考和决策。

不知道你发现没有，在一个组织里，总会有这样一些人，他们要么抱怨公司的制度不公平，要么认为某些领导的决策不高明，总是觉得他们自己的想法才是真知灼见。其实很多时候，你觉得不好、不对的事未必就真的是不好、不对的，很可能是因为你站的位置不够高、格局不够大。

因此，当我们对一个问题产生疑惑或者不知道该怎么选择和判断的时候，不妨把镜头拉远，在时间和空间的维度上放大观察视角，纵览全局，或许就可以找到问题的答案了。

🧠 深刻的洞察

围棋国手马晓春曾说："普通棋手在下棋的时候，只需要看到后面几步棋就可以了，而高手则至少要看到20步以上。"

所谓深刻的洞察，就是能在纷繁复杂的表面现象中看到事物的本质，抓住核心要素。

下面讲一个真实的历史故事。

元朝末年，朱元璋的起义军曾经同时面对两个非常强大的敌人，一个是位于西面的陈友谅，他的势力比朱元璋大得多；另一个是位于东面的张士诚，实力也不弱，但不如陈友谅。朱元璋与这两大巨头都必有一战，可问题是，先打哪一个？

朱元璋手下谋士众多，他们都认为应该先打张士诚。因为张士诚的势力比陈友谅小，先把小的吃掉，就可以增强自己的实力，然后再对抗那个更强大的敌人，就好办多了。可朱元璋却不是这么想的，他认为应该先打陈友谅。

为什么？

因为朱元璋知道，张士诚这个人心胸狭窄、气量小，如果先打陈友谅，他只会坐山观虎斗，坐收渔翁之利。而陈友谅却是一个深谋远虑、精于算计的人，倘若先打张士诚，他就会立即意识到，一旦张士诚被打败，朱元璋就会对他形成强大的威胁。所以朱元璋断定：在打张士诚的时候，陈友谅一定会出手在背后攻打自己，一旦形成这种局面，就会腹背受敌，到时必败无疑。

后来，朱元璋坚持自己的想法，下令先跟陈友谅死磕，最终在鄱阳湖大战中将其打败。接下来再收拾张士诚就很容易了。

其实无论是战场、商场，还是职场，所有的竞争从表面上来看好像是资源、信息和知识层面的竞争，实际上却是人格、认知以及格局的竞争。

朱元璋在不利的环境中取得了最终的胜利，归功于他对局势和人性的深刻洞察。一个有大格局的人，在做决策的时候会进行更深入的思考，忽略掉一切不重要的表面因素，找出问题的关键。

长远的眼光

"活在当下"这个词经常被提及，也是一种常见的生活态度，但是高效能人士的生活态度却是"活在未来"。

关于这一点，我要讲一个贝索斯与亚马逊公司的故事。

在2017年的时候，亚马逊的市值就已经接近7000亿美元，超过了微软，成为美国第三大市值上市公司。亚马逊的创始人贝索斯也一度被认为是未来的全球首富。但是让人难以置信的是，自1994年亚马逊成立以来，一直到2016年，在20多年的时间里，亚马逊的利润几乎为零。

亚马逊虽然很多年都没有利润，但其市值却常年居高不下，这是为什么呢？

其实亚马逊并不是没有盈利能力，而是这20多年来，他们把每年的利润都投向了能在未来产生回报的项目上，在经历了多年的积累之后，付出终于得到了回报，在2017年之后亚马逊开始爆发式增长。

贝索斯认为，财务报表上的利润数字并不是公司的核心能力，而真正有多少钱能够支配到对未来的投资上去，才是决定公司价值的最核心的指标。

中国的某位创业者曾经去亚马逊公司考察，回来后用一句话就概括了这次考察的收获：亚马逊这么多年一直在做一件事，就是把所有的资源都投资在一项能够长期做下去的事业上，从来不会为了一时的利益而改变战略。

其实，贝索斯的这种思维方式就是一种长线思维，或者说是一种面向未来的思维方式。

记得上中学时，体育老师经常对我们讲："立定跳远的时候，眼睛要看向远处，你才能跳得更远。"

法国前总统戴高乐曾说："眼睛所到之处，是成功到达的地方，唯有伟大的人才能成就伟大的事，他们之所以伟大，是因为他们决心要做出伟大的事。"

诚信的品格

如果你仔细观察就会发现，只有那些诚实守信、道德良好、品格端正、具有正向价值观的人和企业，才能获得成功以及可持续的发展。否则，人或企业就算在短期之内取得了高额收益，未来也会因此付出更高的代价。

有一次，马云在某节目中谈到对销售的看法，他说当年阿里销售部有一个员工给其他部门做培训，培训的主题是"怎样把梳子卖给和尚"，他讲得天花乱坠，大家听得也很兴奋，结果这个人当场就被马云开除了。

为什么要开除他呢？因为在马云看来，这种销售手段是骗人的，和尚根本不需要梳子，即使用很"高明"的技巧达到了"卖梳子"的目的，但本质是欺骗。

马云后来还说过，脑子里全是钱的人，是很难做好事情、很难交到朋友的。如果说人类还有什么红利没有被发掘的话，那么诚实、信任将会是一笔最大的未开发的财富，经济的发展依靠的不是商品与商品之间的差价，而是人与人之间的互信。

马云经常在世界各地演讲，主题都是愿景、使命、价值观之类的大词，以致很多人都说他成功了之后就喜欢卖弄情怀，总爱讲一些虚头巴脑的东西。其实还真不是这样，会这么想的人只是因为他还没到那个层次。阿里巴巴之所以发展成我国数一数二的互联网公司，其决定性因素并不是公司卓越的技术、战略和管理能力，而是企业所长期持守的道德理念、诚信原则、社会责任以及利他主义的商业价值观。

真正有大格局的人，无一不是讲诚信、守道德、三观正的人。

2. 价值思维：找到高价值区，战略性专注

如今，在快节奏的生活下，人们变得更加忙碌，每天都有做不完的事、加不完的班；有的创业者更是恨不得晚上就睡在公司；学生们好不容易盼来的假期，也会被各种文化班、特长班填满。似乎只有不停地做事才能让我们感到人生更加充实、更有存在感和价值感。

可很多人在忙碌了几年之后，对过往的人生进行回顾和总结的时候会突然发现，虽然自己奋力跟命运抗争，但是自己的生活质量并没有什么明显提升。即使每天都进步1%，一年之后也没能像励志公式上说的那样成长37.8倍。因此，很多人就会感到迷茫没有方向，说好的天道酬勤、付出就有回报在哪里呢？

当然，我们从小就知道的那些道理并没有欺骗我们，勤奋以及持续不断的努力绝对是一个人取得成功最重要的先决条件之一，然而很多人错就错在他们以为所谓勤奋就是要多做事。其实，真正的勤奋不仅限于行动上的表现，还需要在

思想上不断地精进。否则,你就是在用战术上的勤奋来掩盖战略上的懒惰。

英国统计学家 E.H. 辛普森在 1951 年提出过一个理论,叫作"辛普森悖论":在分组比较中经常占优势的一方,在总体上反而可能是失势的。简单来说就是,虽然你在小组赛中赢对方的次数很多,但从全局来看,你反而输了。

其实很多领域都存在这样的规律,在一件事情上做得好的人,往往不是工作做得最多的人,而是那些做的次数少但单次价值很高的人。真正的高效能人士都会选择在深思熟虑之后作出决定,他们通常会选择做那些"更少,但是更好"的事。

如今,微商、自媒体、斜杠、跨界、万众创业之类的概念层出不穷,很多人都以为既然有这么多机会可以选择,那做得越多,赢面就一定越大,可实际情况并不是这样。因为事情做得越分散,在每件事上赢的概率就越小,因此越是有多种可能性,就越应该专注于核心竞争力。就拿投资这件事来说,我们经常会听到一种说法,即"不要把所有的鸡蛋放在同一个篮子里"。对于普通大众而言,这是一种财务上的避险策略,一个防止投资翻车的万能公式;可对于投资界的高手来说,他们的做法刚好相反。

我们以全球著名对冲基金——量子基金的创始人索罗斯为例。

1992年，索罗斯大战英格兰央行，他的基金经理人斯坦利·德鲁肯米勒认为这是一次千载难逢的好机会，他建议索罗斯把所有的钱都押上，做空英镑。索罗斯却对他说："你的想法太荒谬了……你知道这种事多久才会出现一次吗？我们要做的不是把所有的钱押上去，而是要把所有能搞到的钱都押上去。"结果他们加上了10∶1的杠杆，总共投资100亿美金，最终大获全胜。不仅赚了20亿美元的利润，也让索罗斯一战成名。

索罗斯的基金经理人德鲁肯米勒后来在接受采访时说："我从索罗斯身上学到很多，其中最有价值的投资理念就是，对与错并不重要，重要的是你在做对的时候赚了多少，犯错的时候赔了多少。"很明显，索罗斯的策略就是：<u>专攻要害，一击致命</u>。

在投资领域，不只索罗斯，"股神"巴菲特基本上也是这个路数。古典老师在他的著作《跃迁》一书当中讲过一个很经典的案例。在巴菲特的办公室里，贴着一张美国棒球手的海报，这位棒球手就是波士顿红袜队的击球手泰德·威廉斯。巴菲特并不是一个棒球球迷，那么一个做投资的人为什么要在办公室里贴一张棒球手的海报呢？那是因为巴菲特的投资理念在很大程度上受到了这位棒球手的启发和影响。泰德·威廉斯在棒球界被誉为"史上最佳击球手"，在美国《体育新闻》杂志评选出的史上百位最佳运动员中，泰德·威廉斯排在第八位。甚至可以说，他在棒球界的地位和影响力一点儿都不比巴菲特在金融圈低。

作为金融界的顶级投资者，巴菲特到底从这位棒球手身上学到了什么呢？在答案揭晓之前，我们要先了解一下棒球的基本常识。在棒球运动员当中，通常有两类击球手。一类是什么球飞过来都打，而且每次击球都会全力以赴，争取拿到全垒打。能做到全垒打固然很好，但这种打法对体力的要求非常高，有的运动员甚至不惜在比赛中服用禁药来保持体能；另一类击球手的打法就比较聪明，他并不一味地全垒打，而是只打那些得分概率高、胜算大的球。世界排名前十的击球手都属于后者，而泰德·威廉斯就是这一类人中的高手。他在自己的著作《击打的科学》中提出了这样一个观点：所谓高击打率的秘诀，就是不要每个球都打，而是只打那些处在"甜蜜区"的球。只要能打好"甜蜜区"里的球，即使其他的球都不打，也能取得最好的成绩。

什么是"甜蜜区"呢？泰德把整个击打区域划分成了77个小区域，每个小区域的面积只有一个棒球大小，只有当球进入最佳位置，也就是所谓"甜蜜区"的时候，他才会挥棒击打，这样就能保持最高的击打率。如果勉强去击打那些位置不好的球，最终的击打率就会很低。所以，在比赛中，对于非核心区域的球，即使它"嗖嗖"地从身边飞过，泰德也绝不挥棒。这种策略听起来简单，可到了赛场上却非常难操作，特别是在决定胜负的关键时刻。你想想，几万名观众绷紧了神经，用期待的眼睛看着你，当球飞过来的时候，如果你不打，就会迎来全场的嘘声。这个时候，如果坚持只打"高价值"的球，就需要极强的定力和超冷静的心态。

泰德说："要想成为一个优秀的击球手，你必须等待一个好球。如果我总是去击打'甜蜜区'以外的球，那我根本不可能入选棒球名人堂。"

这个道理让我想起上学的时候，学习成绩一般的学生总是会购买很多热门的课外参考书和练习题；学习成绩好的学生，往往只是将课本上的内容学精钻透，然后把老师布置的作业做到最好，考试就足以拿高分了。也就是说，把最重要的事做到 100 分，远远比什么事都做但每件事只做到 60 分，收获要大得多。

受泰德·威廉斯的影响，巴菲特把这种策略同样应用到了投资领域，形成了自己独特的投资哲学：只投资高价值、有护城河的公司，其他的根本不看。巴菲特在纪录片《成为沃伦·巴菲特》中讲道："我能看见 1000 多家公司，但我没有必要每个都看，甚至看 50 个都没必要。投资这件事的秘诀，就是看着球一次又一次地飞过来，而你却坐视不理，只等待那个最佳的球出现在你的击球区。在你等待的时候，人们会冲着你喊'你倒是打呀'，别理他们。"

巴菲特对股票的见解也非常有见地，他说："股票的确有一种倾向，让人们太快太频繁地操作，很多年来人们发明了各种工具和过滤器，为的就是能够快速筛选股票。而我不会这样做，我知道自己的优势和圈子，我就待在这个圈子里，完全不管圈子以外的事。你要知道自己的优势是什么，这一点非常重要。"

从巴菲特的投资效果来看，也印证了这种说法，他的合伙人查理·芒格也说过："如果把我们最成功的10笔投资去掉，我们就是一个笑话。"

看上去巴菲特和泰德·威廉斯采用的都是一种比较保守、稳妥、动作最少的打法，他们却是最强的进攻者。因为他们找到了高价值区，在战略上专注，用最有把握的方式取胜，这种思维方式就叫作"价值思维"，而这种战略，我们称之为"高手的战略"。

在平时的生活和工作当中，我们该如何应用这种战略呢？

第一，找到属于你的"甜蜜区"。也就是找到自己最擅长，并且能产生高价值的领域。

第二，在战略上专注。只打"甜蜜区"里的球，彻底忽略那些高价值以外的事情，即使它们看起来很有吸引力。

第三，不断改进，持续迭代。在高价值领域，用最不取巧的方式深耕、迭代、进化，等候时间的回报。

我们每个人的时间、精力、智商其实都是差不多的，<u>高手之所以比普通人做得更好，往往就是因为他们在高价值的事情上投入更多，并且能够长期保持专注</u>。要做到这一点，就需要一种对价值的精确定位以及敢于舍弃的能力,从人性的角度来说,这往往是反本能的。

正如畅销书《怪诞行为学》作者丹·艾瑞里所说:"人们在面对多项选择时,即使明知道其中一项可以获得最大的成功,他们也不愿意轻易放弃其他选择,因为我们的大脑对风险有着天然的排斥和抗拒。也正是由于这个原因,能够获得巨大成功的人才是少数,因为他们能克服某些大多数人都无法抗拒的本能。"

3. 战略思维：什么是战略，如何制定人生战略

"战略"最早是军事领域的一个概念，是一种着眼全局，为实现全局目标而规划的过程。现如今，"战略"经常被应用在日常生活和工作当中，例如：作为个体，我们会为自己制定各种人生战略；作为公司的管理者和决策者，会在企业的不同发展阶段制定相应的经营战略；等等。虽然我们经常谈战略，但很多人并没有真正理解这个概念，导致他们制定了一些不是战略的"战略"。

那究竟什么是战略，我们又该如何制定战略呢？

战略的目标不是输赢，而是转化矛盾

战略和战术的概念不同，战术是指导和进行战斗的方法，而战略是作战的谋略。战术的目标就是要赢，要解决当下的矛盾，获得一个确定的结果，就好比下象棋一样，唯一的目的就是要把对方将死。而战略通常不解决矛盾，只转化矛盾，有点像下围棋，表面上是要达成一个互不吃亏的结

果，实际上却是让整个局面向着对自己有利的方向转化，是要从一种平衡状态转化为对自己有利的另一种平衡状态。

在我们的生活中，假如你喜欢的异性拒绝了你，而你又不想放弃，可如果再去追就会招来对方的反感，这个时候你该怎么办呢？最好的战略就是，先以普通朋友的关系相处，保持关注但别给对方太大的压力，并尽可能多地给对方留下良好的印象；与此同时，让自己在各方面快速成长，变得越来越优秀，学会爱人和自爱，或许某一天对方会因为你的优秀和诚意而在态度上有所转变。如此坚持，就算最终未能如愿，这段经历也会帮助你成为更好的自己，从而吸引更适合你的人。

总之，战略就是要不断地将矛盾转化到对自己有利的局面上来。

战略要有所为，有所不为

首先，我们要说一下战略和战术、策略以及攻略最大的区别在哪里。

所谓战术，也叫策略，它比战略低一级，是在大方向已经确定的前提下解决怎么做的问题。比如，企业如何才能打开新市场？怎么能让产品的用户体验更好？

而攻略比战术更低一级，只是根据已知的方案、流程、步骤，把事情做一遍就可以了。"攻略"这个词最早来自电子游戏，这一关怎么过、Boss 怎么打，别人都告诉你了，你照着做就行。

其实，我们大多数人所做的大多数事情，都属于"攻略"级的任务，像自驾旅游攻略、国外大学的申请攻略等，能把步骤记下来并把每一步都做到位，那么你就是一个"攻略"级人才。可要想再升一级成为"战术"级人才，比如职业经理人、高级管理者等，你就必须要有创造力，能把知识和经验灵活运用才行。

而"战略"级人才就更少了，因为"战略"是统治者的学问，制定战略是为了在资源有限的情况下，作出让自己或者全体成员利益最大化的决定。因此，战略的本质是作出取舍、作出选择。《哈佛商业评论》里有一篇文章讲道："战略的反面也必须是一个战略。否则的话，你说的东西就不叫战略。"

滴滴出行在初创时期制定过一个目标：让用户在叫车之后，5分钟之内就能坐上车。这就是一个很好的战略，因为滴滴在制定这个目标的同时放弃了很多东西，比如用户的乘车体验、价格等问题，总之5分钟之内坐上车就行。这个目标明确指出了企业的行动方向，让公司的一切资源、一切努力都投入到这个单一的指标上来。

倘若你给自己制订的计划是从明天开始认真工作、努力学习，几年之内成就一番事业，这个计划就不能算战略，因为它的反面——不努力工作，不好好学习，不成就事业，并不是另一个战略；而如果你打算在大学毕业之后环球旅行一年，开阔视野和眼界，丰富人生经历，这就是一种人生战略，因为这意味着你放弃了继续深造或者参加工作等其他方面的战略选择。

总之，低端人才学习攻略，中端人才研究战术，高端人才选择战略。

🧠 战略的形成是一种自下而上、持续迭代和循序渐进的过程

所有的好战略都不是一开始就制订出一个完美的计划，后面跟着执行就可以的，而是先有一个初步的方案，然后在行动的过程中逐渐改进和完善的结果。简单地说，<u>战略不是想出来的，而是作出来的；不是设计出来的，而是在实践的过程中不断修正出来的</u>。

我们都知道，阿里巴巴集团的商业版图非常辽阔，涉及电商、支付、广告、金融、云服务等众多领域，但是这一系列的商业生态链并不是在一开始就设定好的，而是逐渐"生长"出来的。

最早，马云做的是中国黄页，目的只是为小型出口公司提供外贸服务，相当于一个网上的广交会。如果不是做中国黄页，他就走不到 B2B 这个业务上来。

从中国黄页发展到 B2B 之后，公司需要一种新的电子商务形态来突破业务发展的瓶颈，于是就借鉴了 eBay 的 B2C 模式，成立了淘宝网。

随着越来越多的人在网上购物，另一个问题就产生了，买卖双方不知道该怎么达成交易，先给钱还是先发货？先给钱如果不发货怎么办，先发货如果不给钱怎么办？这种交易风险造成了大量的客户流失。为了解决这个问题，阿里巴巴开发了另一个项目——支付宝。

解决了支付问题，商家纷纷涌入，但品牌商希望自己能跟普通商家有所区别，阿里巴巴为了满足品牌商的这种需求，一个新的 B2C 网站——天猫就诞生了。

庞大的交易量使平台沉淀了大量的浮存金，为了提高这些闲置资金的利用率，于是诞生了一家新的企业——蚂蚁金服。与此同时，海量的交易信息和用户数据也为后来的阿里云业务打下了坚实的基础。

由此看来，战略的形成并不是一蹴而就的，而是持续迭代的结果，是一种从"用户中来"到"用户中去"的生态化过程。

最后，我们来做一个总结，战略有以下三个特征：

（1）<u>战略的目标不是输赢，而是将当下的矛盾转化为对自己有利的局面</u>；

（2）<u>战略的本质是作出取舍、作出选择，要"有所为，有所不为"</u>；

（3）<u>战略不是设计出来的，是一种自下而上、不断演化的生态化过程</u>。

4. 窄门思维：困难的路越走越简单，简单的路越走越困难

经常有人告诉我们，"选择比努力更重要"，却没人教我们该如何做选择。一种简单粗暴却能够非常有效地作出选择的方法，就是备受高效能人士喜欢的窄门思维法。

1962 年，美国总统约翰·肯尼迪在一次演讲中说道："我们选择在这个年代登月，不是因为它简单，而是因为它难。"正是这句话激励了那个时代的美国人，最终完成了在当时看来不可能完成的登月任务。

真格基金的创始人、著名投资人徐小平说过一段话："当有两件事摆在你面前，一件可以轻松上手，而另一件则需要你从头学习摸索，你该怎么选呢？别犹豫，选那件难的事情。我也不知道为什么，但是每次都是那件更难的事成就更大。我所认识的所有高手，都有一种'舍易求难'的本能。"

现实生活中，我们大多数人在做事情的时候，潜意识里

普遍都更倾向于选择做那些看起来比较容易的事，并尽可能避开困难的事；遇到难以解决的问题，也更倾向于寻找捷径，而不是直面困难。这么做的原因很明显，因为简单的事更容易成功，代价小、见效快，能够迅速取得正反馈和成就感；做困难的事不仅耗时费力，而且最后能不能做成还是个未知数。

　　选择做容易的事看起来很聪明，从成本收益上来看似乎是个最优解，但实际上人们往往只看到了做困难的事所付出的代价，而低估了它的回报和成果。比如，当一个程序员遇到了一个技术上的难题，他可以选择直接向更有经验的人请教，也可以自己查资料或者到网络上寻找答案。相比而言，自己独立解决问题收获会更大，在攻克难题的同时，他可能还会有其他意料之外的收获。比如，他知道了再出现类似问题的时候如何能找到解决方案，哪个网站上有价值的信息更多，哪些书是这个领域的代表著作，等等。刚开始可能会比较难，但随着他解决问题的能力越来越强，以后做起事来就会越来越容易。

　　美国互联网支付巨头 PayPal 公司的创始人兼首席执行官彼得·蒂尔有一个著名的管理哲学理念，叫作"极端聚焦"。他要求 PayPal 的高管和员工们在一段时间内只专注最重要的核心任务，年终总结的时候，也要求他们只写一项对公司最有价值的贡献，而不是要求员工写得越多越好。

　　对于这种管理理念，彼得·蒂尔是这么解释的："人其实是喜欢逃避挑战和困难的一种动物。比如，现在你手头上有两个任务：一个比较难，具体该怎么做也没有明确的标准答案，可是一旦完成，工作上就会取得巨大的进展；另一项任务比较容易，有固定的步骤和流程，工作成果对公司也会有帮助，但帮助不是特别大。这时候，人往往会优先完成第二项任务，解决完后，他会给自己再找一个类似的简单任务……最后那个非常难但是又非常重要的工作就被搁置了。相反，如果你只有一项困难的任务，你就会想尽一切办法去解决它，因为你逃无可逃了。"

彼得·蒂尔说："如果一家公司一直在忽略95分难度的问题，而总是在试图解决80分或者85分难度的问题的话，那么这家公司最多也就是一个七八十分的公司。"

再讲一个奈飞公司的案例。

2019年7月，全球上市互联网30强榜单中奈飞排行第六。然而在创立初期，这家公司也经历过一段非常艰难的时光。1997年，美国的互联网产业刚刚崛起，DVD产品开始在民间普及，当时奈飞主要经营的是DVD租赁业务，并且面临着非常残酷的市场竞争，如果业绩没有突破，很可能会被市场淘汰。为了能在竞争中取得优势，奈飞高层决定彻底改变打法，撤掉所有的实体店，把店面搬到网上，同时开通邮寄业务，让用户直接在网上租赁DVD。这个提议遭到了董事会的强烈反对，原因是这样做需要克服的困难太多了，比如，用户习惯难以改变、物流成本过高、DVD在邮寄途中的磨损和丢失等问题。

面对这些质疑，公司的联合创始人马克·伦道夫，只用一句话就打消了大家的顾虑，他说："正是因为这些事情确实很难，所以一旦我们真的把这些问题都解决掉，就会创造出一种竞争对手无法企及的优势，让他们根本没法和我们竞争。"

经过几个月的不懈努力，奈飞最终实现了自己的目标。2019年8月16日，奈飞公司的市值达到了1325.76亿美元。

恰如复星国际集团的董事长郭广昌在一次演讲中说道："马云对我说过一句很有意思的话，他说他对十年之内能成功的事情兴趣不大。我当时觉得马云好狂啊，后来想想还是有道理的，因为一个月就能做成的事情，你能做大家都能做；一年能成功的事情，做的人会少一些；要五年才能成功的事情，做的人就更少了；如果做一个事情要十年才能成功，基本上就没人跟你竞争了。"

敢于去做那些更困难的事、走一条更难走的路，往往是一种智慧的选择。所以，当你面前有很多选项不知道该如何做选择的时候，最简单的方法就是选择让你觉得困难的那个。做困难的事有以下七个好处。

（1）最难的事情，解决的往往是最重要、最核心的问题，做成之后产生的回报也是最大的。因为只要最核心的问题解决了，其他问题就会迎刃而解。

（2）更难的事情做起来反而会更简单。因为大多数人都喜欢做50分~80分难度的事情，所以你会发现在这个难度等级里面挤满了竞争者。可当你把目标订到120分难度的时候，基本上就没什么人跟你竞争了，眼前一片蓝海。

（3）当你目标远大的时候，会吸引最好的帮手和合作者。因为最优秀的人同样是目标远大，喜欢解决那些最重要、最不可思议的问题的人，而你也能在他们身上学到很多东西。

（4）做最难的事情的最大优势是，它的难度可能只是普通事情的100倍，它所产生的价值和影响力却可能是普通事情的10000倍。在性价比上，你已经赚了。

（5）做最难的事情的另外一个好处就是，就算不成功，结局也不会太差。俗话说："求其上者得其中，求其中者得其下，求其下者无所得。"瞄准月亮，哪怕失败了，至少也能落到云彩上吧。

（6）越难的事情，经济回报也越大，然后你就可以把这些回报投入新的、更难的事情上。就像沃尔特·迪士尼说的，"我们拍电影不是为了赚钱，我们拍电影是为了赚钱拍更多的电影"。

（7）那些最难的事情一旦做成，你将得到最快的成长，最大的成就感、满足感和自信心。与此同时，还能建立起竞争对手最难以跨越的高门槛，甚至是护城河。

因此，我们要摒弃从众心理，寻找市场上不常见的、别人容易忽视或者看不上的机会，埋下头来深耕市场，在竞争不大或几乎没有竞争的市场中自由发挥自己的专长，并把市场深度和广度做到极致。这就是窄门思维。

5. 杠铃思维：如何用最小的风险，博取最大的收益

人的一生中会面临无数个大大小小的选择和决策，不知道你有没有发现这样一个规律，生活中所有的小决策通常都是左思右想、权衡利弊之后作出的，比如中午吃什么、买哪个品牌的手机、去哪儿旅游等。而所有重大的决策，往往都源于某个偶然事件的发生，而不是周密计划的结果，比如，从事什么工作、跟谁结婚、选择哪个创业方向等。如果你仔细观察那些取得了很大成就的人，会发现他们的成长路径都不是一帆风顺、按部就班的，其崛起也不一定是在意料之内的。刚开始的时候，他们和大多数普通人一样默默无闻，后来突然出现了一个拐点，人生就上了一个台阶，产生了质的飞跃。

当然，我说这些的目的并不是在倡导机会主义，只是想说，在当今时代，对机会的判断与把握，比一味地辛勤劳作更能决定你的价值。有时候选择比努力更加重要。

时代变了，我们的思维方式也要跟着改变。在过去，整个社会是由一个个的金字塔结构所组成的，大多数人的发展途径只有升职加薪这一条路，有点类似于游戏中的打怪升级，这一关你过不去，就别想进入下一关。但现在不一样了，社会结构越来越呈现出一种扁平化的网状结构，每个人都处于网络中的某个节点上，你想从一个节点走到另一个节点有很多条路，这条路走不通，换个方向走就是了。就像在浏览网页的时候无意中点开了一个超链接，你也许会进错地方，但也有可能会闯进一个你以前想都不曾想过的广阔天地。

现在的问题是，很多人的难处并不是缺少机会，也不是看不到好机会，而是不知道该怎么选择和取舍。因为机会总是与风险并存的，稳定和高收益自古以来就不可兼得，比如是继续打工还是辞职创业，存款是用来买房还是投资，等等，诸如此类的问题一直困扰着很多人。那我们如何才能做到既能避免风险，又不会错过机遇呢？

在回答这个问题之前，我想请你先思考一个工程学上的问题。

假设在你面前有一座100层的高楼，在你手中有两个一模一样的玻璃球。把玻璃球从1层到100层楼中的某一层扔下来就会摔碎，而从这一层以下的所有楼层扔下玻璃球都不会摔碎，请你找出这是100层楼中的哪一层。

为了找到答案，你可以从一楼开始一层一层往下扔，直到玻璃球摔碎为止。这种方法最简单，但是太烦琐，如果是第 100 层，你就得扔 100 次。

那怎么才能用最简单的方法、最少的摔落次数，就判断出能把玻璃球摔碎的楼层是哪一层呢？

我可以直接告诉你答案，你先用一个玻璃球每隔 10 层往下扔一次进行测试，先在第 10 层扔下去，如果玻璃球没摔碎，就到 20 层再扔一次。以此类推，直到摔碎为止，这样就能初步判断出一个大概的区间范围，比如在 30 层摔碎了，那么答案就在 20 层与 30 层之间。然后再用另一个玻璃球从 21 层开始向上一层一层往下扔，直到摔碎为止。这样就能以最少的扔球次数找到正确的答案。

同样的道理，要想用最少的失败次数找到人生的最高价值点，也可以采用这种工程学方法。

你依然需要两个小球，一个用来脚踏实地做好该做的事，另一个用来寻找和尝试更好的机会。人的一生要有两个线条：一个细线条，一个粗线条。细线条表示按部就班，粗线条意味着不断冒险。

这个思路跟纳西姆·尼古拉斯·塔勒布在《黑天鹅》一书中提出的"杠铃策略"不谋而合。所谓杠铃策略，顾名思义就是两头重、中间轻。

也就是说，一方面你要把绝大部分的资源，包括你的时间、精力、财富、人脉等资源，放在最安全的业务上，以确保稳定的收益；另一方面，再将一小部分资源放在风险最高、收益最大的业务上，尝试各种机会和风口，让收益爆发式增长成为可能。切记：千万不要在风险不大不小、收益一般的项目上投入资源。

塔勒布曾说："之所以要采取杠铃策略，是因为一方面要保持对风险的警惕，另一方面又要防止因为过于保守而错过机遇。"

腾讯公司出品过一款游戏，叫作"王者荣耀"。据说最火爆的时候，平台每天在线人数超过8000万，每个月能给腾讯带来三四十亿元的收入。其实，这款游戏并不是腾讯公司在进行了周密的策划和设计之后研发的产品，"王者荣耀"的成功可以说完全在意料之外。

腾讯公司的游戏部门是由很多个独立运营的游戏工作室组成的，每个工作室分别开发不同的产品，各部门产品PK，根据用户数据和市场反馈，对于最终胜出的产品，公司再集中力量倾注资源，将其打造成爆款。"王者荣耀"本来是一款名不见经传的游戏，经过几次改版才在众多产品的竞争中获胜，在推向市场之后，一下就火了。

正所谓"一将功成万骨枯"，一款游戏的成功，意味着其他众多游戏产品的淘汰。可对于腾讯来说，这个代价是可以接受的。即使所有的游戏产品全都失败了，所花费的成本和代价在一个千亿级别的企业眼中也不算什么，但只要有一款游戏成功了，它所带来的收益就是不可估量的。

最终，"王者荣耀"成了正面的"黑天鹅"。

在我们的人生当中，要想捕获这种正面的"黑天鹅"，就要用较小的代价在各种可能性中不断地试错。比如，把80%的时间用在本职工作上，20%的时间用来追求理想，做自己喜欢的事；把80%的精力用在自己的专业上，剩下的20%用来广泛学习其他领域的知识。再比如，出去吃饭的时候，别总是去最常去的地方点最爱吃的那几个菜，偶尔尝试一下自己没吃过的东西。总之，用小成本不断试错的好处是，成功了，欢天喜地；失败了，无关大局。久而久之，你会发现生活所能给你的，远远超过你所想象的。

就像"股神"巴菲特所说："我永远把大部分资金放在安全稳妥的渠道上，我也永远保持对高风险、高利润的小额追逐。"

6. 交响思维：让自己成为创造力最强的"复合型人才"

"21世纪什么最值钱？人才！"

这是电影《天下无贼》里面一句非常经典的台词，虽然这已经是个老梗了，但是我相信，这句话的正确性在人类可预见的未来都不会改变，人才永远是稀缺的。可问题是，人才有很多种，到底哪种人才才是最具价值的呢？

20世纪中期以前，人们眼中的人才大多属于"通才"，他们上知天文下知地理；前通历史后懂科技；既学过传统国学，又熟悉西方哲思，聊任何话题都能镇得住场子，让人觉得他学识渊博。

可在第二次世界大战之后，人们逐渐意识到，在社会分工越来越细的趋势下，一个人的精力是有限的，不可能样样都精通。因此，人们普遍开始仰赖"专业"的力量，是否精通一项单一的技能开始成为人才的标志。

然而有数据显示，自2007年开始，对人才的定义又变了。随着互联网的兴起，不少行业的基础知识没有了太高的壁垒，在很多领域，从专业度来说，机器比人做得更好。在现代社会，一个人如果只掌握一种技能，则很容易被时代淘汰。

所以，"通才"和"专才"都不是最强的，当今世界对"人才"的要求又有了一个新的高度，"复合型人才"应时代而生。

所谓"复合型人才"，是指既有自己擅长的核心技能，又对其他领域有所涉猎，也有人将这种人才叫作"T字形人才"。

那么，"复合型人才"到底强在哪儿呢？

美国3M公司拥有很多领域的专利技术，研究人员对发明专利的人进行了分类统计，想知道哪种人才发明的专利为公司创造的价值最大。结果显示，"专才"和"通才"的成绩差不多，但都不是最好的，成绩最好的是"复合型人才"。3M公司内部设立了一个鼓励发明专利的奖项，相当于全公司范围的"诺贝尔奖"，其中获奖最多的也是"复合型人才"，这种人才的创造力是最强的。

美国著名的未来学家及趋势专家丹尼尔·平克曾说："'复合型人才'的优势来自这样一种能力——他们能发现完全无关的两个系统之间的联系，能将若干个相互独立且毫不相干的要素组合在一起，形成某种新的观点。"丹尼尔·平克将这种能力叫作"交响力"。顾名思义，就是类似于交响乐团里的指挥家所具有的将各种不同乐器整合成一首伟大乐曲的能力。

芝加哥大学心理学家米哈里在对那些具有很强的创造力的人群进行研究后发现：创造力一般都跟"跨领域"有关，最具创造力的人，总能看到不同领域之间被其他人忽视的联系。

国际著名设计师莫克做过一个预测："未来十年，人们需要具备跨领域的思考能力和工作能力，以此来探索与自己专业完全不同的新领域。他们不但要处理不同领域的工作，同时还要找到它们之间的联系并发现其中的机遇。"

美国有几位经济学家在漫画行业做过一项研究，想知道一部漫画作品的商业价值跟作者的哪种素质关系最大，有三个选项：

（1）作者出书的速度，也就是他是不是一个高产的作家；

（2）作者在漫画行业里积累了多少年的经验，即他是不是一个经验丰富的作家；

（3）他的作品主要是由个人完成的，还是由团队成员合作完成的。

结论是，只有第三项与作品的商业价值呈正相关，前两项都是负相关。

也就是说，<u>决定作品价值最重要的因素，是作者涉猎的广度</u>。

这个规律在其他领域是否同样适用呢?

哈佛大学心理学博士丹尼尔·戈尔曼对15家跨国企业的管理层做过一次调查,他在调查报告中写道:仅凭"模式识别"这一项能力,就能将优秀管理者与普通管理者区别开。所谓"模式识别",就是从一堆不同领域的信息中,识别出有意义的信号和趋势,从而作出长远战略规划的能力。

同样,对企业家群体做过调研的学者迈克尔·布隆伯格也曾说:"所有优秀的企业家无一不擅长系统思维,如果你想成为一名优秀的企业家,你就要学习如何调动系统思维,激发全局观的本能。"他所说的"系统思维",就是一种跨领域的能力,即"交响力"。

既然"交响力"如此重要,那怎样才能有效地培养这种能力,成为"复合型人才"呢?

🧠 尝试跨领域

当你在自己的专业领域上达到一定高度之后,可以尝试着接触一下其他领域的东西,或者培养一些业余爱好。有数据显示,学术水平越高的科学家,越会在本职工作之外发展业余爱好。有数据表明,诺贝尔奖得主当中有业余爱好的比例是普通科研工作者的22倍。

麻省理工学院教授尼古拉斯·内格罗蓬特曾说:"很多工程学上的难题和僵局都是由根本不是工程师的人打破的,因为思考问题的角度比智商更加重要。有突破性想法的人一般都具备多元化的背景以及跨领域的工作经历。"

🧠 多听交响乐

聆听伟大的交响乐,是培养"交响力"的绝佳方法。例如,在不同的情境中去听贝多芬的第九交响曲《欢乐颂》的时候,你会对这首曲子有不同的感受;在听《D大调第三十五交响曲"哈夫纳"》的时候,你也可以留意一下莫扎特是如何在乐曲中加入木管,从而让整体效果上升了一个档次的。

🧠 善于打比方

说话的时候尽可能多地引用比喻,这能让你的表述更容易理解,而且当你能用不相关领域中的语言表达一个事物的时候,无形中也是将这两个事物以一种独特的方式联系了起来。

舞蹈设计师特怀拉·萨普曾说:"你发明的所有东西都是其他事物的另一种表现形式,在创新的过程中,比喻能力和智商一样重要。"

7. 转折思维：遭遇中年危机是因为年轻时不够努力？错，它标志着人生的新起点

一直以来，一说到"中年"这个词，人们就会不自觉地与"危机"联系在一起。

在现实生活中，中年人遇到危机的比例有多大，并没有确切的数字，但从各类媒体、短视频、公众号所描述的情况来看，现在的中年人真的挺惨的，比如生活上，上有老下有小，没有依靠却要被靠且要靠得住；工作上，无论是大企业还是小公司，招聘者都倾向于考虑35岁以下的群体，且比自己年纪小的主管可以肆无忌惮地批评中年下属，因为他不敢辞职……

"中年危机"的话题之所以被大家热烈地讨论，总体来看，其矛盾主要集中在工作和事业方面，比较主流的说法是：一个人如果到了中年还没混出个样来，再加上精力、体力以及在人力成本上拼不过年轻人，往往会导致工作机会骤减或者成为被裁员的首选对象。

很多人认为，一个人之所以会遇到中年危机，是因为他年轻的时候不够勤奋、不够努力。正所谓，少壮不努力，老大徒伤悲。

不可否认，人在年轻时候的表现确实在某种程度上影响着人生中后期的生活质量，但这并不是中年危机的根本原因。换句话说，人到中年会不会遇到危机，跟你上学的时候学习好不好、工作的时候努不努力没有必然的关系。中年危机不是平凡人的专利，很多非常优秀的人同样会遇到这一类困惑。被解雇的中兴工程师难道不优秀吗？并不是，他在大学和研究生阶段读的都是名校，不夸张地讲，他在25岁以前所取得的成就，超过了全国99%的同龄人。但即便是这样的人，到了中年不也遇到危机了吗？

那导致中年危机的根本原因到底是什么呢？虽然每个人的情况各不相同，但既然这是一个比较普遍的现象，就一定存在着一个相对共性的起因。要弄清楚这个问题，首先我们要了解一下"中年"这个阶段的特点。

从进化心理学的角度来看，任何一个物种的任何一个特征、性状都是被自然选择筛选过的，因为有用才没有被淘汰，中年阶段也不例外。

剑桥大学生物学教授大卫·班布里基在进行了多年人类学与动物遗传学的研究工作之后，发现人的中年阶段对人类文明的发展有着重大的作用，他将自己的研究成果写成了一本书——《中年的意义》。他认为，中年的意义在于文化的繁衍和知识的传承。

在动物世界，很多小动物在长大一点的时候，它们的父母就会教它们捕猎，用不了多久小动物就能掌握全套独立生存的本领。但人却不同，人是一种需要相互合作才能生存的社会性动物，人与人之间的关系也是在合作的过程中产生的。以色列历史学家尤瓦尔·赫拉利在《人类简史》一书中说过，"人类之所以能战胜其他更强大的动物而生存下来，就是因为能够进行大范围的合作"。

有合作就必然要有分工，有分工才会有效率，随着社会化、专业化的程度越来越高，对人类的大脑和智力水平也就提出了更高的要求。在这个背景下，年轻人只靠自己、要想在短时间内学会安身立命的本领和技能就不太可能了，他们在刚进入社会时，必须花费几年甚至更长的时间向前辈们学习。而中年人经过多年的积累，掌握了大量知识、技能和经验，可以帮助年轻人快速成长，或者成为他们的榜样。人类社会之所以能够快速地发展，靠的就是知识、经验、技术的代代传承，而这个艰巨的重任和使命，也就天然地落在了中年人的肩膀上。

从这个角度来看，人的一生可以分成两个阶段，前半段是20岁~40岁，主要任务是积累知识、锻炼技能；后半段是40岁~60岁，主要任务是传承知识和技能，使人类文明得以繁衍。

人在40岁左右是职责转换的关键节点，也是中年危机集中爆发的节点。也就是说，很多人的所谓中年危机其实并不是什么真正的"危机"，而是人们习惯了年轻时的生活方式，后来因为生理结构的变化不得不转型的时候，由于不适应而产生的挫败感而已。所以如果你觉得自己遇到了中年危机，很可能是命运在提醒你，该换个活法了。

假设你因为年龄过了35岁而被公司裁员，这并不一定就表示你被后浪们拍死在了沙滩上，被年轻人淘汰了，很可能是因为这一类的工作已经不是你这个阶段该做的事了，你需要给你的人生重新定位。以前做技术的，可能现在更适合做管理或者培训；以前做运动员，现在更适合做教练；以前给人打工，也许是时候该自己创业了……现在的商业和网络环境空前发达和繁荣，只要你不放弃，总能找到自己的生态位。总之，如果你能换个角度思考，中年危机就不是真的"危机"，而是人生的契机和转机。

下面我们再来解释一个问题，为什么人类文明的繁衍和传承是中年人必须承担的职责呢？

🍀 人类文明的代际传承可以让人超越自我

在很多武侠小说里，如果某位大侠学会了一门绝世武功却没有传授给后人，通常都会死不瞑目，这是为什么呢？

因为无论是武功还是心法，无论是知识还是技能，你从别人那儿学来的也好，自己独创的也罢，都有它单独存在的价值。严格来说，它并不属于某个人或者某个组织，而是属于全人类的，不应该因为拥有它的人死亡而消失，掌握它的人不过是一个代管者，有责任和义务将它继续传承下去。当你履行了这个职责的时候，你不仅为人类社会作出了贡献，也在某种程度上完成了自我超越和自我实现。

家庭治疗大师简·海利去世以后，讣文中有一句："我们用一辈子积累而来的知识，已经普遍地影响了下一代的咨询师，他们不一定记得我们的名字，但那已经一点儿也不重要了。"

可惜的是，我国古代有很多技术精湛的手艺人，在传承问题上都非常保守，传男不传女、传内不传外，从而导致很多精工巧技最终失传，这种思想很容易让人活在自己的世界里而无法超越自我。

人类文明的代际传承可以让人对抗死亡

我们生而为人，最大的焦虑莫过于不知道自己该如何面对死亡，虽然这种焦虑无法彻底消除，却可以在一定程度上得到缓解。

美国著名存在主义心理学家欧文·亚隆曾经说，"对抗死亡的一个重要手段就是影响力，也就是在你死后，你的生命能够借着其他形式的生命或者载体，依然对这个世界产生影响"。例如，乔布斯离开世界很多年了，但他所创立的品牌依然影响着人们的生活；王阳明为我们留下了丰厚的精神遗产，在临终时当弟子问他还有什么遗言的时候，王阳明指着自己的心说:"此心光明,亦复何言!"

当然,虽然人类文明的繁衍和传承是中年人应该去做的事,但并不是每个中年人都有能力去著书立说、教书育人、创立品牌,只有终身学习、与时俱进、不断成长的人才有这个资格。

8. 愿景思维：野心只能带来一时的成功，伟大的使命才能让基业长青

多年以前，互联网上流行过一个段子，说有几个清华的毕业生一起打车，在车上聊天的时候，他们提到了曾经的某位同班同学，说这位同学毕业没多久就在北京买了房子，可真是有先见之明，现在房价都已经涨到了多少多少……他们的言语之中充满了羡慕的味道。

这个时候，一直在听他们说话的出租车司机终于听不下去了，对他们说："我家拆迁分了几套房子，可我就是个开车的，你们才是国家的未来和希望，如果你们这些清华毕业的人才，人生的目标就是在北京买套房子，而不是考虑国家的未来，那这个国家就真的没希望了。"

有位大学教授在一篇文章当中也讲过一件类似的事情，他说曾有一个时期，国外有些名牌大学的教授在招收从中国来的学生读博士时异常谨慎。其原因是，中国学生虽然考试能力很强，比其他国家的学生录取率更高，但他们博士毕业

之后，找工作的标准通常只有一条，就是看哪个公司、哪个职位给的薪酬高。很多学生本来能在数学、物理、生物等自然基础学科领域大有作为，却仅仅因为一份高薪工作就放弃了值得一生追求的目标和理想，义无反顾地投奔了华尔街。所以他们认为培养中国学生就是浪费资源。

很多人都把买房买车、财务自由作为人生的第一要务和唯一目标。当然，我并不反对人想要多挣钱的意愿，甚至我相信在很多情况下，能不能获得经济利益是判断一件事情是否对社会有实际价值的重要依据。但是物极必反，如果脑子里全是钱，就会造成人性的扭曲和信仰的崩塌。

在全世界范围内，中华民族以智慧和勤劳著称，近几十年来中国经济的崛起也让国民收入不断增加。可与此同时，也暴露了部分国民存在的视野狭窄以及使命感缺失的问题。

从小老师和家长就告诫我们，你要是不好好学习，将来就考不上好大学，找不着好工作，等等。道理虽是这样的，但长此以往，学生们就以为好好学习就是为了考好大学、找好工作。多年之后，在这种胁迫式教育理念的驱使下，我们终于成了一个阶段性的逐利者，我们的每一份努力，都是由一个短期的、功利性的目标所驱使的。然而，当我们经历了从实验小学到重点中学，再到国内外名校，从职场小白到优秀员工，再到企业高管的整个过程之后会发现，我们已经找不到自己了。

那些很久以来想要实现的功利性目标，不过是人生旅程中的阶段性成果,并没有让我们成为人生赢家,收获想象中的幸福和快乐,反倒是内心被更大的空虚、更多的焦虑填满了。之所以会出现这样的结果,是因为我们缺少一种叫作"使命感"的东西。

那么,什么是"使命感"呢?

相信很多人都听过"三个石匠"的故事。

从前有个人在路上走,遇见三个石匠正在做同样的事情,就走上前问他们在做什么。

第一个石匠说:"我在凿石头。"

第二个石匠说:"我正在砌一堵墙。"

第三个石匠说:"我正在建一座大教堂。"

这个故事常用来比喻人的格局和境界。第一个石匠只知道眼前的具体事情;第二个石匠能看到阶段性中长期目标;第三个石匠把自己的工作和人生的使命联系在了一起。

第三个石匠口中所说的"大教堂"通常有一个特征,就是从它开工之日到完工的时候,往往要横跨几百年的时间,如巴塞罗那的圣家族大教堂,从1882年开始修建,直到今天还没有完工。也就是说,一个建造教堂的人,很有可能是看不到教堂建成之后的样子的。这种"大教堂思维"就是一种使命感,也可以说是一种"天职"。

使命感由内心深处的愿望所驱动,是一种不带任何功利性的、超越自我的价值观和意义的感召力；是一项即使自己看不到它完成的那一天，也愿意为其奉献一生的事业。

这就是一种愿景思维。例如：

乔布斯，愿景是用科技改变世界；

比尔·盖茨，愿景是让每个家庭都用上电脑；

马云，愿景是让天下没有难做的生意；

北宋思想家和教育家张载，愿景是为天地立心、为生民立命、为往圣继绝学、为万世开太平；

……

总之，你有多大的胸怀，就有多大的舞台。

也许有人会说，这是画大饼、扯情怀，我没那么多高大上的理想，我的愿望很简单，就是想多挣点儿钱，让自己和家人过得好一点儿。这么想也没什么不对，可就算你为名为利，也应该讲点情怀，因为心中的诗和远方有时候反而能帮助你度过眼前的苟且，仰望天上的月亮也并不意味着一定要放弃脚下的六便士。

曾经有一项针对 20 万人的调查研究，意图找到人们做事情的动力和表现之间有什么关系。结果发现，相信做事是为了帮助别人的人，比那些认为做事只是为了挣钱的人，表现要好得多。

《美国科学院院报》中的一份报告显示，<u>具有超我价值观的受试者，往往更倾向于把压力转化为挑战</u>。

有研究人员找来一批志愿者搞募捐，并将这些志愿者分成三组：对第一组给予精神鼓励，告诉他们这个捐款很重要，能帮助很多人；对第二组给予金钱奖励，每个人将获得自己募集到的捐款的 1% 的奖金；第三组也是给奖金，但奖励的金额比第二组多得多，每个人最终将得到捐款的 10%。你认为哪一组志愿者募集的捐款最多呢？结果发现，第一组志愿者最卖力，募集的捐款也最多；第三组，即 10% 奖金组排第二；第二组，即 1% 奖金组募集到的捐款最少。

正如万通集团董事长冯仑所说："我研究过很多赚了钱的人，后来发现赚钱最多的实际上是那些追求理想、顺便赚钱的人，他们顺便赚的钱比那些追求金钱、顺便谈谈理想的人要多得多。"

《巅峰表现》一书当中也有一些类似的真实案例：

一个身强力壮，但并不是专业举重运动员的普通人，有一天看到别人遭遇车祸而被压在车底下的时候，他为了把人救出来，居然凭着一己之力，抬起了汽车的一角。

一个在大学当教授的父亲，有一天失去了他的女儿，他感觉生活没了希望，开始自暴自弃。在父亲节这一天，他突然感到女儿想让他做点儿什么，于是他振作起来，决心像对待女儿一样对待所有的学生，后来这位父亲成了大学里最受欢迎的教授。

一位女登山运动员，在攀登高峰的途中，感到太艰难打算放弃的时候，她的丈夫站出来提醒她，说在放弃之前，要再想一想她到底是为了什么才做这件事的。于是她想到自己登山的初衷是为了荣耀，最后不仅坚持了下来，还打破了世界纪录。

这些案例背后的道理有点儿像中国古人所讲的"无为而无不为"，你要想"超越自我"，就得追求比自我更博大的事儿。

在商业领域，有一种广为流传的说法，即消费者购买的并不是你的产品，而是你的理念。比如，一个打算购买联想电脑的人，可能会因为戴尔电脑的价格比其便宜了300块钱就转去购买戴尔电脑；苹果产品的粉丝则不会因为苹果电脑或者苹果手机比其他品牌贵了几千块钱就放弃购买，甚至无论苹果推出一款什么样的新产品，都有忠实的铁粉为之彻夜排队购买。造成这种差距最重要的原因并不在于产品本身，而是产品背后的理念和价值观，关于这一点从不同品牌的广告词当中就能看得出来。

普通电脑品牌的广告通常会说：我们的电脑特别棒，它外形美观，功能强大，操作简单，非常人性化，你要不要买一台？限时优惠300元，赶快行动吧……

而苹果公司的广告是这样写的：我们做的每一件事都是为了突破与创新，我们尝试以不同的方式思考问题，我们挑战现状的方式就是把我们的产品设计得十分精美、使用简单、界面友好，在追求卓越的过程中我们恰巧生产出一款最棒的电脑，你想要吗？

这两个广告从传递的信息方面来看非常相似，给人的感受却完全不同，为什么？因为苹果的广告一直在传达自己的理念，如果你讲述自己的理念，吸引来的就是跟你具有相同理念的人。

乔布斯曾经有一个习惯，就是每年在苹果大会上演讲时，在距离发布会结束还有 15 分钟的时候，他都会说"还有件事儿没有讲"。所谓"还有件事儿"指的就是苹果公司今年赚了多少钱，这是他一贯的表达方式，也是一种思维方式。也就是说，重要的是你都干了哪些事儿，挣钱不过是一个自然的结果。

人类总是批量生产东西，从流水线上出来的产品基本都是一个样，可来到这个世界上的每个人都有着自身不同的特质和特殊的意义，以及不一样的天职和使命。找到自己的人生使命，并不是一件容易的事，有的人甚至到死都不知道自己活着到底是为了什么。奥地利作家茨威格说过："一个人生命中最大的幸运，莫过于在他的人生中途，还年富力强的时候，找到了自己的使命。"

既然使命感这么重要，那我们怎样才能找到自己的人生使命呢？请你试着回答以下三个问题。

第一，你最热爱的事是什么？

德国哲学家黑格尔说："假如没有热爱，世界上一切伟大的事业都不会成功。"自己最热爱的事，往往是那些即使没有回报，或者不能马上得到回报，还乐此不疲去做的事。

第二，你最擅长的事是什么？

古语有云："鹤善舞而不能耕，牛善耕而不能舞，物性然也。"人也是一样，每个人都有自己的优势，判断一个人是否成功，很大程度上就是要看他能否最大限度地发挥自己的优势。

第三，这个世界最需要什么？

每个人观察和理解世界的角度都不一样，在你看来，这个世界最需要的是什么，哪些问题最亟待解决，哪些人最需要帮助，等等。这些很可能就是你最应该去做的事。

当然，除了这三种问题的答法外，还有一个更简单的办法能帮你找到人生的使命。你可以想象一下，如果有一天你去世了，你希望在你的墓碑上刻下什么样的文字呢？又或者，当你的后代提起你的时候，他们会因为你做了哪些事而感到自豪呢？是还清了房贷吗？是拥有多少豪车和存款吗？还是其他什么事情……

9. 渐进思维：永不止息的涓涓细流，远比波涛汹涌的海浪可怕得多

有段时间我一直坚持在公众号上写文章，更新的频率不算高，一周也就一到两篇，但总体来说还算稳定，偶尔也会把新写的文章转发到朋友圈，跟大家分享我的"真知灼见"，一坚持就是好几年。我一个从小玩到大的朋友看到我在写公众号，一时心血来潮也开了个号。

俗话说："人比人，气死人。"我这个朋友可比我强太多了，基本上能做到日更，每天都能发一篇两千字左右的文章。我跟他说，这是个长期活，别把自己给累垮了。没想到此人居然用一副"小人得志"的表情对我说，他每天稍微挤点时间就把这事干完了，没什么难度。一时间搞得我还挺自卑，终于知道身边有个"别人家的孩子"是什么感受了。

可遗憾的是，没过多久，这颗冉冉升起的"新星"就陨落了。坚持了差不多一个月他就停更了，一直到现在，他都没有再在公众号里写过哪怕一行字。

根据多年的生活经验，我总结出一个规律，无论做任何事情，凡是一上来就跟打了鸡血一样用力过猛的，都不会长久。罗马不是一天建成的，所有重大的改变总是在润物细无声的过程中逐渐发生的。所以，对于一项长期任务而言，最重要的并不是速度，而是可持续；不是你能做多少，而是你能做多久。

英国哲学家约翰·洛克曾说："学到很多东西的诀窍，就是不要一下子学很多。"同样的道理，想要做很多事情，最好的方法就是不要一下子做太多。要学会循序渐进、持续发展，日拱一卒，功不唐捐，这就是"渐进思维"。

下面我们就通过两个故事深入了解一下"渐进思维"。

🔅 日行 30 千米

1911 年 12 月之前，世界上还从来没有人到达过南极点。当时有两位探险家打算完成这项创举，一位是 37 岁的挪威极地探险家阿蒙森，另一位是 40 岁的英国鱼雷专家斯科特。他们率领各自的团队，在同一时间分两路出发，来争夺人类历史上第一次征服南极的殊荣。

这两个团队虽然目标一致，他们的行进方式却很不一样，主要区别表现在两个方面。

第一个区别是，阿蒙森团队无论天气好坏，每天都坚持走 30 千米，天气好的时候，即使能多走一段他们也不走了，天气不好的时候，即使再难也会坚持走完预定的 30 千米；

斯科特的团队就比较随意，天气好的时候每天能走很远，甚至可达到五六十千米，而天气不好的时候，他们就在帐篷里休息，并抱怨着外面的鬼天气。

第二个区别是，斯科特团队选择用一种比较矮的马来托运物资，而阿蒙森团队则是用爱斯基摩犬。虽然马更强壮，在最开始的阶段走得更快，但马不够耐寒，路还没走到一半就都被冻死了，最后斯科特团队不得不靠人力来拉雪橇；爱斯基摩犬虽然走得慢，但能在极冷的条件下生存，从而保证了阿蒙森团队的行进速度。

最终结果如何呢？相信不用我说你也能猜得到，阿蒙森成功地将挪威国旗插在了南极点上，成为人类历史上第一个征服南极的探险队，并且团队中的所有成员都安全返回了；斯科特团队不仅晚了一个月才到达南极点，而且在回程的途中因为糟糕的天气再加上体力透支，团队成员全部遇难。

从这个案例当中我们可以吸取一个教训，对于那种需要长时间才能完成的艰巨任务，最好的做法不是状态好的时候就多做一些，状态不好的时候就少做一点，而是每天要给自己制定一个安全的任务量，不要贪多，但要保证在极端的情况下也能完成，这样才更容易坚持下去。

很多人做事情之所以半途而废，往往就是因为他们总是根据自己最好的状态来安排工作进度，状态好的时候当然可以完成，可一旦有个头疼脑热或者其他意外状况，计划就会被打乱。而只要放弃一次，后面就很难再坚持下去了。所以,再难的坚持,也好过时快时慢,正如一位哲学家所说,永不止息的涓涓细流,远比波涛汹涌的海浪可怕得多。

通盘无妙手

韩国著名围棋选手李昌镐,16 岁就获得了世界冠军,曾经在各种世界级的比赛中雄霸棋坛长达 14 年的时间。有位记者在他比赛的时候给他拍了 100 多张照片,洗出来一看全都是一个表情,因此他有个外号叫"石佛"。

李昌镐下棋最大的特点,也是最让对手头疼的地方,叫作"通盘无妙手",也就是说他在下棋的时候从来不追求"妙手"。什么是"妙手"呢?简单说就是那种能够迅速克敌制胜、力挽狂澜的高招。例如,在《天龙八部》里面,虚竹只用一步棋就破解了苏星河的"珍珑"棋局,这步棋就是"妙手"。再举个例子,假设你是一个自媒体作者,你的文章或者视频平时没什么流量,可突然有一天你的某个作品上了热搜,获得了几百万甚或几千万的观看次数,那么对你来说,这个作品同样是"妙手"。

自古以来,"妙手"是很多优秀棋手所追求的,但李昌镐从不追求妙手,他只求每手棋有 51% 的胜率,俗称"半目胜"。

通常,一盘棋也就 200 手~300 手,即使每手棋只有一半多一点的胜率,最多 100 多手下来就能稳操胜券。也就是说,只要每步棋都比对手好一点点,就足够赢了。他这种玩法有点像意大利足球队，很少大比分赢对手，一般只比对方多进一两个球，但别人要想赢他也很难。

李昌镐曾对记者说："我从不追求妙手，也没想过要一举击溃对手。"

他作为当时世界排名第一的棋手，居然每步棋只求51%的胜率，这让很多记者和业内人士都觉得不可思议，这到底是为什么呢？

第一，"妙手"虽然看起来很酷，赢得漂亮，但是每次在给对手致命一击的同时，往往也会暴露自己的弱点，正所谓大胜之后必有大败，大明之后必有大暗；反倒是每步只有51%的微弱优势，逐渐将危机化于无形，最后准赢。"善战者无赫赫之功，善医者无煌煌之名"，也是这个意思。

第二，出现"妙手"的机会是不稳定，也是不可持续的，就像"灵感"一样，不是想要就能来的，也无法通过刻意练习来形成技能上的积累，因此它没有壁垒和护城河，一旦有一天江郎才尽，也就意味着职业生涯的终结。

其实下棋和做事的道理都是相通的，当你越想快的时候，反而会越慢；只有当你愿意沉下心来认认真真地走好每一步，做好当下该做的事情，随着时间的推移，真正的优势会在不知不觉中逐渐形成。

美团创始人王兴曾经讲过一句很有道理的话。他说："其实，很多人对战争的理解是错误的，取得战争胜利的决定性因素，并不是拼搏和牺牲，而是煎熬和忍耐。"

其实，成功的关键并不是某个突发性的奇迹般的胜利，你只要做好自己该做的事，功夫下到了一切都会有所改变，只是在那之前，你必须要有足够的耐心。

最后，我希望能和你一起，记住这些精彩的故事，汲取前人留给我们的经验和教训，无论环境优劣、运气好坏，都不要怨天尤人，而是按照自己的计划，稳扎稳打，步步为营。当你有一天回头再看，就会发现，你已经走过了很远的路程。

林肯有句话说得好，"虽然我走得很慢，但我绝不退后"。

10. 减法思维：摆脱外物束缚，重新定义幸福

在 20 世纪八九十年代，人是很容易从物质中获得幸福感的。在那个年代，电视机、冰箱、洗衣机被称为"三大件"，对于一个家庭来说，买任何一件都算是重大支出了，能让一家人购买前计划很久、购买后高兴很长时间。

现在这个社会，已经从加法时代变成减法时代。从物质中获得幸福的时代已经结束。我们如果把自己的幸福阈值降低，而不是和别人过多地比较，幸福的感受来得更快。

有一家权威调研机构发布了一个最近几年世界各国幸福指数的排行榜，这份榜单显示，日本人的幸福指数呈现出持续走低的趋势。

日本作家本田直之同样对世界各国国民的幸福指数进行了走访调查，发现那些幸福感越来越强的国家，人们的生活方式正在经历着重大变化，他将这些变化和自己的观察进行总结之后，写成一本书，叫作《少即是多》。书中阐述了当今社会人们在追求幸福的过程中，生活方式即将发生的 12

种变化，接下来我就结合自己的理解来解读一下。

💡 从"被迫勤俭节约"到"主动选择简朴"

以前我们勤俭节约，主要是因为资源匮乏，是为了节省资源而采取的一种被动的自我约束。现如今社会资源丰富了，人们生活条件越来越好，还要保持简朴的习惯吗？要的，但性质不一样了，以前是被迫节俭，现在是主动选择简朴，是经过谨慎思考之后，自动自发地决定摆脱多余物质的束缚和累积，过一种简单、自由、清爽、有序的生活。比如，上下班骑自行车代替开车，少吃多运动，对家里的物品进行断舍离，等等。

💡 从"拥有金钱"到"拥有时间"

前半生用命换钱，后半生用钱买命，这是当今很多职场人的真实写照。两耳不闻窗外事，一心只为求财富，其实是一种缺乏安全感的表现，真正有安全感的人是不需要用房子和车子这些身外之物来维护尊严的。多花点时间思考自己真正喜欢什么、擅长什么，自己的使命和意义是什么，否则得到再多也不会觉得幸福。

💡 从"朝九晚五"到"时间自由"

在大企业担任高级职位，作为职业生涯中的一个阶段，是有好处的，比如可以积累经验、增长见识，然而对于多数人来说，这未必是长久之计和最终归宿。王健林说过一句很残酷、也很现实的话："牛一辈子在田间辛勤耕耘，却没有一块田最终是属于牛的。"

当今社会科技和互联网快速发展，是个体崛起最好的时代，越来越多的人有了更多的工作方式。自由职业最大的好处就是，你所有的付出以及你常年建立的人脉、资源和势能，最终都会落在你自己身上。

一味推销自己，不如提供帮助

刘润老师曾经说："真正属于你的人脉，是那些你曾经帮助过的人们。"与其费尽心思地推销自我、参加各种活动，结识各路人脉，倒不如把精力和时间用来自我精进，当你有能力为别人提供帮助的时候，人脉自然形成，同时会有更多的机会主动找到你。

做一个不依赖于任何平台、靠实力说话的人

在大公司身居要职之人所拥有的光鲜身份和亮丽头衔，其实未必是个人能力的真实体现，很可能只是靠平台赋能，一旦失去他所在的平台，往往会被迅速打回原形。所以，无论是顺境还是逆境，都要坚持学习、与时俱进；不依赖于任何平台、靠实力说话的人，才是真正具有可持续发展潜力的人。

🧠 只做必要的事，以积极的心态面对辛苦

巴菲特有个 25/5 生产力法则：写下你认为此生必须要做的 25 件事，然后一个一个排除，只留下最重要的 5 件事；保证这 5 件事做好之前，绝不碰其余的 20 件事。

人之所以感到活得很累，很大程度上是因为不够专注，做了太多没必要的事，所以要经常思考并精简自己的事务清单，移除那些可做可不做的事。对于必须做的事，采取积极主动的态度，享受做事的过程，这样往往能把别人眼中的辛苦变成自己最大的幸福。

🧠 保持独立思考的能力

每个人在刚出生的时候都是"原创"，可很多人后来偏偏活成了"盗版"。其实，人这一生怎么过没有固定的模板和套路，也不可能复制，所以随时随地都要保持独立思考的能力，不能人云亦云、随波逐流，否则不是被"割韭菜"，就是被大众的观念所裹挟，比如，到了年龄就必须结婚，体制内的工作才是好工作，非得财务自由才算实现了人生价值，等等。每个人都有权用自己喜欢的方式去生活，让别人的观念与说法主宰自己的人生，既无聊又荒唐。

🧠 小众市场的消费潜力并不小

未来，小众市场更能聚集能量，更加具有品牌热忱和消费潜力。所以，无论是打工还是创业，未必一定要杀进竞争

激烈的红海，你可以瞄准一些小众市场。《失控》的作者凯文·凯利提出了一个 1000 铁杆粉丝理论，即在互联网时代，不管你从事哪个行业，无论你是一名手工艺人、摄影师、音乐家、设计师、企业家，还是脱口秀演员，你只需要拥有 1000 个铁杆粉丝，就能养家糊口、体面地生活。

个人品牌比短期回报更重要

在职场当中，有一句最害人的话，叫作"给多少钱，干多少事"。有的人在职场中过于追求高职位和高薪酬，常常会因为工资太低就不努力工作，只是混日子，结果将自己的大好青春白白浪费掉。

对于大多数年轻人来说，只要是能让你得到成长的工作，即使短期内看不到收益，也应该认认真真地去做，因为在互联网时代，你所做的每一件事都在为你的个人品牌赋能。从长期来看，良好的个人品牌和口碑给你带来的回报远远大于你现在的工资。

用生活方式进行社交

通常，个人的社交网络大多是由同学、同事、同乡所构成的，物以类聚，人以群分，和你经常在一起的，基本都是和你差不多的人。长此以往，你就会被固化在某个圈子里，眼界受限，发展空间越来越窄。

其实你还可以通过业余爱好进行社交，如在体育、摄影、红酒、美食、花鸟鱼虫等爱好者群体中结交形形色色的朋友，为你的生活增添更多的色彩，从而开阔眼界，让精神生活更加饱满丰富。

追求生活中的"小确幸"

与达到人生巅峰相比，生活中不断出现的"小确幸"其实对我们的生活影响也很大。任何快乐的体验都是短暂的，与其追求虚无缥缈的大幸福，不如让那些小小的、确定的幸福经常发生，比如，偶尔和家人吃一次特色大餐，跟爱人看一场精彩的电影，买一束鲜花，尝试一次从未有过的体验，等等。

享受变化

抗拒变化是人的本能，可生活中唯一不变的就是变化。与其逃避、抗拒，不如主动去适应它、享受它，新的挑战往往会带来新的机遇和新的开始。

总而言之，经历过什么比拥有什么更能决定一个人未来的生活质量。少一点物质占有，多一些精神体验，这种减法思维能够让你在新时代获得更多的幸福感。

- 第二章 -

认知升维

> 作为心智脂肪储备起来的知识并无用处,只有变成了心智肌肉才有用。
>
> ——斯宾塞

11. 长跑思维：硬技能让你走得更快，软技能让你走得更远

文科生和理科生，他们的未来之路如何？

中国的教育制度要求学生在高中时期就开始分文科、理科了，到了大学阶段虽然学科分得更细，但总体来说还可以分成文科和理科两大类。这两次选择对人的一生都有着相当深远的影响，一旦选定，这辈子你都摘不掉"文科生"或者"理科生"的帽子。

选择理科的学生，一个重要原因是，人们普遍认为"文史哲"都是些虚头巴脑的东西，学了也用不上，不好找工作，而选择理工科可以掌握实实在在的技能，是真本事、硬功夫。有了一技之长，就等于有了安身立命的资本，正所谓"学好数理化，走遍天下都不怕"。

统计数据也支持这个观点。纽约联邦储备银行 2022 年 2 月对美国大学生毕业 5 年内各专业薪资做过一项调查，计算机专业最高，年薪中位数是 74000 美元。紧随其后的也

都是一些实用性很强的理工类专业或者商科，比如化学工程、航空航天、电气工程等。在这份榜单当中，像文史哲、外语和心理学等人文类学科的毕业生，薪资排名大多是倒数，年薪中位数只有三四万美元。

从毕业后前几年的情况来看，理科生的确占尽优势，但文科生也不用失望，理科生们的优势并不会一直持续下去。如果把观测数据的时间尺度拉长，剧情就开始反转了。

把观测时长从毕业后 5 年延长至毕业后 10 年~20 年来看，排在第一位的还是计算机专业，平均年薪 11 万美元，但跟毕业后 5 年的数据不同的是，学哲学和政治学的学生平均年薪也有 8 万多美元，分别排在第三位和第四位。也就是说，在这个阶段，文科生和理科生的差距缩小了，虽然看上去还不是那么明显。如果把时间尺度进一步延长，调查一生当中的总收入情况，那么排在第一位的就变成了政治学毕业生，人均总收入为 481 万美元；排在第二位的是历史专业的学生，人均总收入为 375 万美元；哲学专业的学生收入排第四，人均总收入为 346 万美元。这些数据表明，文科生虽然起薪不高，但往往低开高走，时间越长后劲越足。

为什么会出现这种现象呢？研究人员发现，文科生的逆袭靠的不是死记硬背的能力，而是思想的高度。与理科生相比，他们的大局观和历史观更强，批判性思维、洞察力、同理心等解决复杂问题的能力更强，有人把这些能力统称为"自由技艺"，也就是我们平时常说的"软技能"。

什么是"自由技艺"？

在一所大学的人类学课堂上，老师剪下了手上的一片指甲传给学生们看，学生们都觉得这也太不卫生了。老师说，指甲还长在我手上的时候你们没觉得不卫生，但剪下来你们就觉得不卫生，这说明我们在评判一个事物的时候，不能只是孤立地看这个事物本身，而是要将它和所处的环境、场景结合起来。学习人类学也是一样，要学会在不同的文化背景下去研究事物。这就是一个看待复杂世界的角度，是一种很高级的思维方式。

"硬技能"可以帮你解决一个具体的技术问题，而"软技能"则可以帮你解决抽象的复杂问题；<u>硬技能让你走得更快，而软技能会让你走得更远</u>。

工作时间越久，我就越有这种感受，我以前学的就是计算机专业，是那种典型的理工男，不修边幅，也很宅，一毕业就做了码农，头几年的收入比一般的文科生高出不少。但工作几年之后我就发现，除了极少数的技术大牛之外，普通人光靠专业技能在事业上是很难有大作为的，你还得具备管理能力、营销能力、调研能力、跨部门沟通协作能力，职位高一点的还需要有制定战略的能力，等等，否则你就会是职场上的工具人。后来随着职位的不断升迁，我又发现那些高层管理者、投资人、创始人很多都不是技术出身，但他们软技能是真的过硬。

2013年12月跻身世界富翁排名第十的投资家卡尔·伊

坎，据说发条推特就能影响各大IT公司的股价，早年他也在普林斯顿大学攻读过哲学专业。用卡尔·伊坎的话说，哲学的一个智慧，就是看你在外部条件不充分的情况下能不能作出自己的判断，在自我矛盾的时候是不是还可以保持正常行事的能力。

除此之外，在花团锦簇的互联网圈子里，很多作出成绩的人也都具有"自由技艺"的功底。比如，马云和俞敏洪都是英语专业的"哲学家"，张口闭口全是大道理；比尔·盖茨和蔡崇信大学学的都是法律专业；扎克伯格主修过心理学；刘强东学的是社会学；李彦宏学的是图书情报学；就连乔布斯在演讲中也说过："如果我不学书法，就不会有今天的苹果。"

总之，"自由技艺"是管理者的必修课。

人生不是一场短跑，而是一场漫长的马拉松。在未来"长跑式"的职场竞争中，文科生以及掌握了"软技能"的理科生会更有优势。著名的未来学家和趋势专家丹尼尔·平克曾说："我们正处在从左脑时代过渡到右脑时代的转折点上。"这话是什么意思呢？有点儿生理常识的人都知道，人的左脑主要负责逻辑推理、记忆和计算能力，但从当今世界科技发展的速度来看，用不了多久，人工智能在这些方面就会全面超越人类，人工智能很可能会作为肢体的延伸，在很大程度上代替左脑的工作；负责想象、善于创造、擅长图像化思维的右脑却是人工智能无法替代的，而右脑是发挥"自由技艺"的"主力军"。

有数据显示，2012年至2016年，美国总共创造了1010万个新工作岗位，其中和互联网以及计算机技术等科技领域相关的不超过10%，剩下的基本都是跟人打交道的，与"文科"密切相关的职位，比如教育、咨询、服务，以及娱乐业。

最后我想强调的是，以上观点并不是说未来理科生就一定不如文科生，但理科生若不想一辈子沦为"工具人"，或者到了中年就被社会淘汰，那就不能只学"数理化"，还得拓充一些"文史哲"领域的东西；不仅要有硬知识，还要有软技能。当然，这对于那些具有强大逻辑思维能力的理科生来说，并不是什么困难的事情。

12. 幸存思维：普通人最容易踩的坑，是成功者的光环效应

我发现一个现象，在社交平台上，只要社会上知名的公众人物或者成功人士说了什么、做了什么，甚至只是一个微小的常规动作，后面都会有一大堆自媒体作品对其进行解读和评论，而且最后还总是能给出一些值得普通人学习的行为模式和经验智慧。

想要进步、成长、取得成就，确实需要学习别人的成功经验，但我们要知道，没有一个人的成功是可以复制的，因为每个人所走的路都不一样，别人的成功经验可以借鉴和参考，但他们所说的话、所做的事不能盲目地往自己身上搬，如果不仔细思考和分辨，往往会陷入"幸存者偏见"。

什么是"幸存者偏见"？我们如何才能有效地避免这种偏见？

在解释这个概念之前，我们先来看一个历史上真实发生过的故事。

第二次世界大战期间，美国军方打算给战斗机加强防护，从而降低被炮火击落的概率，于是他们请来了哥伦比亚大学的统计学专家沃尔德教授，希望他能给出一些建议。沃尔德教授检查了一下从战场上飞回来的战斗机，发现这些飞机普遍都是翅膀的位置中弹最多，而机舱和机尾的部位中弹很少。依照当时的航空技术，为了避免战斗机过重，只能给部分位置加强防护，那问题来了，应该加强哪个位置呢？

当时美军的作战指挥官认为，既然机翼的位置伤痕最多，那当然应该加强这一部分。

沃尔德教授说不对，你们有没有想过，为什么所有飞回来的战斗机都是机翼的位置中弹最多呢？难道敌人只会瞄准这个地方打吗？不是的。唯一的可能就是，那些机舱和机尾部位中弹的战斗机都没飞回来，所以沃尔德教授认为必须对机舱和机尾的位置加强防护。

后来事实证明这个决策是对的，给机舱和机尾的位置加强防护之后，盟军战斗机被击落的比率明显降低。战后英国军方收集了一些被击落的美军战机残骸，经检查发现，中弹最多的部位主要都集中在座舱和尾部发动机的位置。由此可见，看不见的伤痕往往是最致命的。

在这个案例当中，作战指挥官认为，应该对中弹最多的地方加强防护，他所犯的错误就是一种"幸存者偏见"。

所谓"幸存者偏见"，意思就是当我们在研究问题的时候，不要总是看幸存者是怎么活下来的，还要看阵亡的人是为何死去的。如果你去采访那些幸存者，问他们是怎样幸存下来的，他们会带有一种主观偏见，因为他们并没有经历那些足以让他们致命的麻烦。也就是说，我们能看到的往往是经过某种筛选的结果，并没有意识到在筛选的过程中所忽略的一些关键信息。

很多取得成功的人也是这样，他们自身所感知到的那些使他们成功的原因，如他们的努力勤奋、聪明智慧、战略战术、经验技巧等因素，或许确实起了不小的作用，但最后起决定性作用的因素可能只是他们赶上了好时机，做了顺应时代趋势的事情而已。就好比10个人违章过马路，一辆车过来把9个人都撞倒了，另外一个人因为蹲下系鞋带而躲过了这次事故，事后他告诉别人违章过马路是没有危险的……

那如何才能避免"幸存者偏见"呢？

向失败者学习

我们不仅要学习成功者的经验，还要总结失败者的教训。查理·芒格有句名言："如果我知道我会死在哪里，那我将永远不去那个地方。"马云也不止一次地在公开场合中讲过："我创业十几年以来有一个很深的感悟，就是永远去思考别人是怎么失败的。"当然，这些言论也可能是另一种"幸存者偏见"，是对还是错还要由你自己来判断。

向失败者学习的本质，是思考沉默数据的存在价值，让

"死人"开口告诉你到底发生了什么。聪明人从自己的失败中学习,而有智慧的人从别人的失败中学习。

向反对者学习

假设你的公司做了一款新产品,想要对这个产品做一次客户满意度调查,有的客户或许会给你一些改进的建议,比如这里加个功能、那里做一下调整,但其实这些用户都是你产品的"幸存者",觉得你的产品还不错,愿意继续用下去,才会给你提意见。而真正觉得你产品很烂的人也许用了一次之后就不会再用了,相比之下,这些人的建议才更有价值,因为你最需要知道的是不继续使用者为何不用了,找到其原因,改进后将使这些人也成为你产品的用户。<u>当你知道了走的人为什么会走,而不是留下来的人为什么会留下的原因后,你才会成功。</u>

培养概率思维

所谓概率思维,就是判断一件事靠不靠谱,不是看有多少人在这件事上获得了成功,而是看成功的概率有多少。一只坏了的表一天也能准时两次,人往往容易忽略那些失败的案例。

网上有个段子充分说明了这个道理:以前有个江湖郎中,号称有祖传秘方,能决定生男生女,如果见效的话收费 2000 元,不灵不要钱。于是就有很多想生男孩的夫妇来找他。结果呢，那些生了女孩的人发现这人是个骗子，就没给钱，之后也不再来找他了。而那些真生了男孩的人就会认为他的方子果然很灵验，还给他送了锦旗表示感谢。按照概率，如果找他买药的人有一半生了男孩，这个郎中在江湖上行骗几年，也能收获不少锦旗。而后来那些只凭这些锦旗就相信他的人，就是犯了"幸存者偏见"的错误。

13. 直觉思维：小决定靠大脑，大决定听内心，正确的决定常出自心灵和直觉

弗洛伊德说："当你做小决定的时候，应当依靠你的大脑，把得失利弊都罗列出来，然后通过理性分析作出正确的决策；而当你做大决定的时候，比如像寻找终身伴侣或者人生理想之类的，你就应该依靠你的潜意识，因为这么重要的决定必须是从你心灵的深处发出的。"

贝索斯说："我在商业和生活中作出的最好的决定，都是靠心、直觉和勇气作出的。"

乔布斯也曾说："你的时间有限，所以不要为别人而活；不要被教条所限制，不要活在别人的观念里；不要让别人的意见左右自己内心的声音。最重要的是，勇敢地去追随自己的心灵和直觉，只有自己的心灵和直觉才是你的真实想法，其他一切都是次要的。"

这三段话基本上是一个意思，就是在作重要决策的时

候,要遵从自己的内心,而不要在意别人会怎么看、怎么说、怎么做。

我在知乎上看过这样一段话,说在很多中国人的眼里,不结婚是错,不生小孩是错,剖宫产是错,老少配是错,有钱是错,没钱更是错……自己的人生,非要别人来指手画脚才算走上了正道。

我相信大家或多或少都能对这句话感同身受,生活中总会有一些所谓"关心"你的人跳出来告诉你怎么做才是对的,情辞之恳切,言语之中肯,就好像你不按他说的办,人生就要毁掉了一样。当然,有的人或许并没有恶意,确实是发自内心地希望你好,有些建设性的意见也是值得参考的,但你最终作决定的时候,还得听从自己的内心。

人生最大的悲哀,不是作出了错误的决定,而是本来可以作出正确的选择;人生最大的失败,不是没有取得事业上的成功,不是没有收获美满的婚姻,也不是没有积攒巨额的财富,而是没有一个自己说了算的人生。几十年以后,当你老了,回顾过往经历的时候,发现自己这一生真正辜负的人恰恰是自己,那可就太遗憾了。

根据行为模式的不同,我们可以把人分成两种:一种是使用外部评价体系的人,他们通过别人的评价来认识自己是谁;另一种是使用内部评价体系的人,他们自己知道自己是谁。

使用外部评价体系的人特别在乎别人的评价,以至于他们在做事情的时候,最先考虑的都是别人会怎么看、怎么说、怎么想,从而忽略了自己的感受;他们的动力,大多来自外界的认可,作决策往往也是由外部动机所驱动的。

关于外部动机驱动,心理学上有一个著名的故事:

一群孩子在一位老奶奶的家门前打闹,吵得老人难以忍受,于是老人想了个办法,给了每个孩子25美分,说:"你们让我这儿变得很热闹,我觉得自己也年轻了不少,这点钱给你们买糖吃,谢谢你们让我不孤单。"

孩子们很高兴,第二天又来了,一如既往地玩耍打闹。老人再出来,给了每个孩子15美分,并解释说,自己目前没有收入,今天只能少给一点儿了。

15美分也还可以吧,孩子仍然高兴地走了。

第三天,老人只给了每个孩子5美分。孩子们勃然大怒:"一天才5美分,你知不知道我们有多辛苦!"他们向老人发誓,以后再也不会来这里玩了。

在这个故事里,最初驱动孩子们玩耍的是他们的内部动机,单纯是为了开心。这位老人通过给孩子们发钱,成功地把他们的内部动机变成了外部动机,也就是为了谋取钱财,而钱财又掌握在老人的手中,所以就等于老人控制了孩子们的行为,最终达到了赶走他们的目的。

由此我们可以知道,如果不是出于内在的动机去做事情,是不会长久的。

而使用内部评价体系的人,对别人的评价往往不太在乎,他们做事情的动力,是自己的内心;他们在作决定的时候,特别尊重自己的感受,是由内部动机所驱动的。

我们再来看一下贝恩公司前首席执行官汤姆·蒂尔尼的故事。

蒂尔尼小的时候,他的父亲经常对他说,别人的看法对你来说并不重要,重要的是你自己是什么样的人。因此,蒂尔尼从小到大一直坚守的人生信条就是,遵从内心的声音,明白什么是自己最想要的,并坚持走自己的路。

蒂尔尼曾带领贝恩公司取得了巨大的商业成功,可正当他的职业生涯达到顶峰的时候,他却突然选择辞职,并开创了一家小型非营利机构,主要业务是为慈善基金会提供咨询服务,以帮助慈善机构创造最大的社会价值。蒂尔尼就像打了鸡血一样投入慈善事业当中,丝毫不在意微薄的报酬,身边的朋友也完全无法理解他的行为,但对蒂尔尼来说,这正是遵从了自己内心的选择。在他的带领下,这家公司为慈善事业作出了巨大的贡献,甚至连比尔·盖茨的基金会都加入了进来。

蒂尔尼可谓功德无量,跟之前的工作相比,这份工作创造了更大的社会价值。

巴菲特最受益的教诲,是他的父亲曾经一再对他说:"尊重你的感觉,你的感觉越是别具一格,别人越喜欢对你说三道四,这时候你需要的,就是继续尊重你的感觉。"正是因为有这样的教导,巴菲特才能做到"别人贪婪的时候我恐惧,别人恐惧的时候我贪婪"。

使用内部评价体系的人在做事情的时候是受动力驱使的,而使用外部评价体系的人则是被压力推着走的。正如心灵健康专家罗伊·马丁纳所说,"我生命中最大的突破之一,就是我不再为别人对我的看法而感到担忧。此后,我真的能自由地去做我认为对自己最好的事。只有当我们不再需要外界认可的时候,才会变得自由"。

14. 运气思维：除了努力，还有哪些方法能让你越来越幸运

一个人的命运到底是由什么决定的？是运气的成分多一些，还是自身的努力占比更多一些呢？

这是一个很难回答却又有点玄学意味的问题。然而现实生活中，我们每个人都在用各自的人生态度和行为方式来选择自己认为对的答案。有志青年大多都不认命，相信只要努力就能改变命运，像"越努力，越幸运""所谓幸运不过是努力的另一个名字""你的努力程度还轮不到拼天赋的地步"等都是特别励志的自我驱动的话语。

在当今社会，只要你肯吃苦，生活大概率就不会太差。可是如果你要想获得大一点儿的成就，只靠个人努力和辛苦勤奋是远远不够的，还需要运气。

康奈尔大学的经济学教授罗伯特·弗兰克经过多年的研究，写了一本书，叫作《成功与运气》。他在书中讲道，"运气"更能影响一个人的命运。书中有一段话是这么说的：如

果你认为那些取得成功的人靠的是自身的天赋和努力,并在关键时刻能通过理性作出最佳决策,那就错了。相对于自身的行为,成功更依赖于运气,越是在现代社会,就越是如此。运气会在一个人的身上产生放大效应,对于天赋以及努力程度都差不多的两个人,如果运气相差5%,那么在多年之后,他们之间的成就差距可能会因此放大100倍,达到500%。因为人类的生存环境是一个非常复杂的系统,它的发展变化也是非线性的,刚开始的时候哪怕只有一点点的优势,最后的结果可能会相差很多很多倍。

弗兰克教授举了一个电影《教父》主要演员之一阿尔·帕西诺的例子。帕西诺主演过很多部优秀作品,在观众心目中,他是一个伟大的演员。可许多人不知道的是,帕西诺的成名源于一个非常偶然的机会。在出演《教父》这部电影之前,帕西诺充其量不过是个三流演员,制片方本来已经初步确定了几个候选人,可恰巧这几个人当时全都不在档期,于是就把找演员的工作交给了导演。而导演不顾众人反对,硬要找一个新人来出演这个角色,帕西诺刚好特别合适。在《教父》的原定拍摄计划中,他所扮演的角色并不是那么重要,可偏偏赶上导演要加戏,让他几乎成了整个影片的主演。这样的机会,想必没有几个新人敢奢望,要不是《教父》这部电影,恐怕我们不会知道阿尔·帕西诺的存在。

不过我们也不能忽视阿尔·帕西诺的努力,如果他不够努力,就算机会摆在他面前,他也抓不住。我们再来看一下另一个幸运儿——比尔·盖茨。盖茨的出身、背景、天赋以及努力程度都是毋庸置疑的，可如果他不是出生在20世纪50年代，就不会赶上美国个人计算机开始普及的窗口期，如果没有时代赋予的机会，很难说盖茨还能否成为世界首富。

为了验证运气在人的一生中所起到的作用，《成功与运气》的作者弗兰克教授曾做过一个模拟实验，他用计算机算法设定了一套比赛规则，让天赋和努力的因素占决定胜负的95%，让运气的因素只占5%。实验的结果是，只要比赛次数足够多，那就一定是运气好的一方获胜。

"机会总是垂青于有准备的头脑"，这话说得没错，但是在这个世界上，"有准备的头脑"实在太多了，关键时刻运气就成为成功不可或缺的因素。既然运气这么重要，而我们的出身和天赋又不能改变，那还有没有其他办法能够让自己的运气更好一点呢？

答案是有的。

要想拥有好运气，你至少要做到以下两点。

你得相信自己是一个幸运的人

我想你一定闻到了一股浓浓的鸡汤的味道，其实还真不是鸡汤。挪威有一家研究机构对运气这件事进行了多年的研究，他们发现一个人认为自己幸运或者是不幸，是真的能对大脑的思考方式产生影响的。

英国心理学教授查德·惠思曼做过这样一个实验，他找来一群志愿者，给每个人发了一份相同的报纸，让他们统计一下报纸上一共有多少张图片，答对的人会有奖品。其实这个实验的正确答案已经在这份报纸的某个版面上用一个很大的标题公布出来了，这个标题是这么写的："不用数了，这份报纸一共有××张图片，快去找实验人员领奖去吧。"实验结果显示，能发现这个答案的人，都是自认为运气好的人。

经过进一步的研究和大量的重复实验之后，惠思曼教授得出的结论是：那些认为自己是幸运的人更能发现新的机会，具有更高的效率，制订计划的能力和执行力也更强；那些认为自己不幸的人则相反，他们会在工作和生活中遭遇更多的不幸，从而陷入无休止的恶性循环当中。

2009年，洛杉矶大学管理学院教授玛雅·杨针对185个大学生做了一项调查，在对每个学生的运气观和行为方式进行对比之后发现：那些认为自己天生就运气好的人，普遍更愿意接受有挑战性的工作，并且更能在长期而又艰巨的任务中坚持下来。这个道理有点类似于心理学中的"自我实现的预言"，在潜意识里，你认为自己会成为什么样的人，你最终很有可能就会真的成为那样的人。

也许有人会说了，假如一个人真的遭遇了很多不幸，还固执地认为自己是幸运的，这不是典型的阿Q精神吗？

其实很多人对"运气"这件事有一个错误的认知，认为判定一个人是不是幸运，取决于他经历了什么。其实并不是，一个人是幸运还是不幸和他经历了什么是两回事，个人的经历和发生的事实是一种客观存在，而认为自己幸运还是不幸是一种人生态度。事实无法改变，但态度可以改变。

1995年，一位35岁的以色列妇女在一年之内遭遇了两次汽车炸弹的袭击，两次都因为受伤而进了医院，但最终还是活了下来。你说她是幸运还是不幸呢？不同的人或许就会有不同的答案。

需要特别注意的是，这个观点并不是有些成功学所倡导的"吸引力法则"。"吸引力法则"是讲，如果你想得到某样东西，只要经常幻想你已经得到它之后的状态，或者把目标贴在墙上，然后每天对着镜子大喊"你是最棒的"，久而久之，你的意念就真的能把你想要的那个东西给吸引过来。但是，这套理论已经被加州大学的研究者们证明是错误的了，所以请不要相信这一套。

❀ 在成功的时候保持谦卑的态度

不仅在平淡的日子里或者处于人生低谷的时候你要有一个乐观的心态，在你偶尔取得成功之后，你也要知道自己的成功在很大程度上是因为运气，而不是全凭自己的天赋和努力。有的人在取得成功之后，记忆中全是自己如何吃苦、付出代价的场景和画面，往往会不自觉地将成功的主要原因归功于自己的努力，从而忽略了运气和一些偶然因素所起到的作用。

在弗兰克教授的另一个实验当中，他找了许多成功人士作为受试者。根据成功的原因的不同，把他们分为两类人，一类人将成功的主要原因归结为运气，而另一类人则认为成功是自己努力的结果。实验结果显示，<u>当人们选择朋友或者合作伙伴的时候，"运气组"也就是把成功的主要原因归结为运气的人，普遍更受欢迎</u>。

在当今社会，只靠自己的天赋和努力是很难取得成功的，必须和其他人合作才行，如果一个人更倾向于把功劳归结为运气而不是自己的时候，往往会得到更多的合作机会。说得更直白一点，在成功面前，保持谦卑和感恩的心，会让你更加幸运，否则就容易招来祸患。这和《道德经》里老子所讲的"富贵而骄，自遗其咎"是一个道理。

弗兰克给成功者的建议是，不要独自享用所有的好处，留出一些用于回报社会是比较明智的选择。

但我们需要知道，无论是乐观的态度、谦卑感恩的心，还是自身的努力，都只是提升我们被好运气选中的概率而已。

15. 系统思维：决定成败的关键并非任何局部优势，而是整个系统的能力

在每天的生活和工作当中，我们遇到的所有问题大体上可以分为两种类型。

第一种是看似挺严重，实际处理起来却非常简单的问题。比如，你不小心受伤了，只要去医院挂号，然后检查、治疗、休息就好了；房子漏水了，找人修一修就行；女朋友因为一点儿小事不高兴了，就买个礼物哄一哄；等等。总之就是头痛医头、脚痛医脚，缺什么就补什么。这一类问题叫作线性问题，解决线性问题的思维方式叫作线性思维。

第二种是看起来很简单，可当你真正着手解决的时候却发现很麻烦的问题，甚至你所看到的只不过是冰山一角而已。比如，有些父母开口闭口都是"别人家的孩子"，他们想要努力让自家孩子变得更优秀，其实他们更关注的却是"别人家的家长"；有的人每天都在寻找新的创业风口，以为只要站在风口上，哪怕是头猪也能飞得起来，可是他们忘

了,当风口过去之后,第一个掉下来的也是猪。

无论是培养孩子,还是发展自我,其实都是一个系统问题,简单的表象下隐藏着相当复杂的深层次问题,解决系统问题绝不能用简单的线性思维,你必须得有系统思维。

🧠 在学习系统思维之前,首先要知道什么是系统问题

微信是腾讯公司在2011年发布的一款移动互联网社交应用工具。在这类产品当中,微信并不是第一个出现的。在微信第1版发布的时候,小米公司的米聊已经上线两个多月了;当微信还只有400万用户的时候,米聊的活跃用户数就已经达到了1000万。可是自从微信推出2.0版本开始,它的用户数量很快就超过了米聊。

很多人认为微信之所以能在很短的时间内完成对米聊的反超,是因为微信在用户体验方面比米聊做得好,其实并不是。微信之所以能后来者居上,是因为腾讯公司在开发微信之前,就作出了一款很成熟的社交产品——QQ,有着十几年的做社交产品的经验,早就完成了支持几亿用户同时在线的软硬件储备和技术积累。如果没有这方面的基础,一个新开发的社交软件很可能会因为服务器负载过重而系统崩溃。对于腾讯而言,这些条件都是现成的,可以直接拿来支持微信的业务;小米公司则不可能专门为提升米聊的性能而在短时间之内做好这方面的准备。

这个优势所带来的效果是非常显著的，随着用户数量的迅速增加，米聊的用户就明显能感觉到系统的响应速度开始变慢，微信却没有出现这个问题，于是很多用户就彻底从米聊转向了微信。米聊的失败，并不是输在了产品功能和交互设计上，而是输在了系统能力上。

在中国古代，两国交兵，粮草是头等大事。汉武帝发兵远征匈奴，运粮部队每往前线送20车粮食，前线部队能得到2车粮食就不错了。为什么？因为这20车粮食有9车是运粮部队在去的路上吃的，还有9车是回来的路上吃的，所以前线士兵只能得到2车粮食。正如《孙子兵法》中所讲："凡用兵之法，驰车千驷，革车千乘，带甲十万，千里馈粮。则内外之费，宾客之用，胶漆之材，车甲之奉，日费千金，然后十万之师举矣。"

这件事说明一个道理：从表面来看，打胜仗靠的是军事实力、兵多将广、计策谋略等，这些条件固然很重要，但都不是最重要的。归根到底，打仗打的是钱财和粮食，打的是两个国家的综合国力，两国打仗一场是两个系统的对决。

这个世界上的任何事物，既是独立的个体，又是某个系统的一部分。当一个问题出现的时候，你首先要明确的是，这个问题到底是一个线性问题，还是一个系统问题。就好像树叶枯萎了，你得弄清楚是虫子咬的，还是这棵树的树根坏死了。

那我们该怎么判断一个问题究竟是线性问题还是系统问

题呢？"系统论"学者们认为，一个问题只要出现以下症状之一，大概率就是个系统问题：

（1）看起来是个小问题，解决它却需要耗费很多资源；

（2）曾多次试图解决，却一直没有结果；

（3）谁都知道这是个问题，可谁都不解决；

（4）组织内部从上到下，都对这个问题避而不谈；

（5）新人总能发现问题，老人却不屑一顾、一笑了之；

（6）问题总是重复发生，就算彻底改革整顿也没什么效果。

一旦你发现了一个系统问题，该如何解决

关于如何解决一个系统问题，我们要了解三个与"系统"紧密相关的概念，分别是输入、输出、库存，正反馈回路和负反馈回路。任何一个系统都包含这三个要素。

先来了解一下输入、输出、库存。系统对某种东西的保有量叫作库存，输入使库存增多，输出使库存减少。比如，对于个人财物系统来说，你账户里的钱就是库存，输入就是挣钱，让库存增加，输出就是花钱，让库存减少；脂肪是身体热量的库存，运动可以减少脂肪，是输出，不健康的饮食使脂肪增加，是输入。

正反馈回路也叫作"自增强回路"，<u>是指当输入的增加（或减少）会使库存同样增加（或减少），而库存的增加（或减少）反过来又会促进输入的增加（或减少）时，这种输入</u>

与库存之间相互促进的机制就叫作正反馈回路。比如，收入增加，存款就增加，存款多，利息就多，从而让收入进一步增加；不运动就会长胖，长胖了就更不想运动，就会导致越来越胖；等等。虽然是正反馈回路，但结果和正负没有关系，关键在于输入和库存的变化方向必须是一致的。

与"正反馈回路"相对应的是"负反馈回路"。当库存太多的时候，就增加输出、减少输入使库存降低；如果库存太少，就增加输入、减少输出使库存增多，目的是让整个系统的库存保持在一个相对平衡或者稳定的状态，这种机制就叫作"负反馈回路"，也叫"平衡回路"。比如，政府向富人多征税来增加社会福利；通过限购政策来抑制房价上涨；等等。负反馈回路的作用是不断地将系统拉回到正常状态。

每个系统都会包含至少一条或正或负的反馈回路，有时还会出现一条回路包含另一条回路的情况。比如，在"多运动可以减少脂肪"这条负反馈回路里面，就存在着"越运动就越喜欢运动"的正反馈回路。正反馈回路让系统不断增长或者走向衰败，负反馈回路能使系统保持一种平衡的状态。几乎所有的系统问题，都由某一条回路起着主导作用，只有找到这条回路，才是解决问题的关键。

20世纪60年代，罗马尼亚政府发现本国人口数量增长乏力，为了提高生育率，开始强行停止售卖避孕药品，并禁止医院进行堕胎手术，结果导致非法堕胎现象剧增，产妇的死亡率也大幅上升，很多人生下孩子就抛弃，孤儿院人满为患。这就是一个用简单手段处理系统问题的典型案例，往往会造成更严重的后果。

瑞典也曾有同样的问题。1930年，瑞典政府发现，本国人口生育率之所以下降，是因为对很多年轻夫妇而言，养育和照顾孩子是一件很麻烦的事，不仅费时耗力，而且严重影响了生活质量。相比之下，新时代的女性更想要追求事业以及丰富多彩的个人生活。为了扭转这一局面，瑞典政府开始将更多的税收用在了提高福利上，不仅在教育、医疗等方面制定了有利的政策，还为生育家庭提供生活上的支持，比如在必要时派保姆上门服务等。这种通过系统的负反馈回路全方位地创造条件鼓励生育的做法，最终起到了很不错的效果。随着生育家庭越来越多，反过来带动了更多的家庭生育，这又形成了积极的正反馈回路。

如何建立强大的系统能力

解决系统问题最根本的方法，就是建立一种强大的系统，打造一个良性循环、健康运转的系统，在这一过程中你需要做到以下两件事情。

第一，促进积极正面的正反馈回路。

这方面最典型的案例，就是亚马逊公司的"飞轮效应"。

当今世界最大的电子商务公司亚马逊有三大支柱业务，分别是会员服务、第三方卖家平台以及云服务和物流系统。这三大业务，就像三个彼此咬合的齿轮一样，每个齿轮的转动都会带动另外两个齿轮的转动,而另外两个齿轮反过来又会促进这个齿轮的转动,从而形成一条完整的正反馈回路。

第一个齿轮是会员服务。对于用户来说,如果购买了会员,在亚马逊购物的时候,不仅优惠多、送货快,而且买得越多就越划算,会员服务能够增加商品的销量。

第二个齿轮是第三方卖家平台。商品销量的增加,会吸引更多的卖家入驻亚马逊的电商平台,这样商品的品类也就更加丰富,这反过来又会吸引更多的用户购买会员服务。

第三个齿轮是云服务和物流系统。亚马逊全球物流体系和云服务的支持,既能降低卖家的管理成本和物流成本,从而提升卖家对平台的依赖,又能以更短的时间完成配送,提升会员的购物体验。

这三个飞轮不停地旋转,最终造就了一个市值超过万亿美元的商业帝国。

第二,防止不断衰败的负反馈回路。

一个系统之所以会衰败,问题大多出现在系统的负反馈回路上。

相信你一定见过或者经历过这样的情况,在新学期刚开始的时候,班上几乎所有的学生都是学霸,但不出一个月,一半人都变成了学渣;一本书的前面几页都快被翻烂了,可后面还和新的一样;下定决心好好健身,于是办了健身卡,第一周每天都去,之后就再也没去过了。这个逐渐放弃的过程,就是系统衰败的过程。

当你想要通过一些努力来让自身的系统保持平衡的时候，好像总是很难坚持下来，一个重要原因就是我们对意外状况的容忍度太差。对于一件需要长期坚持才能做好的事情，一定会有意外状况发生，包括"好的意外"和"坏的意外"。人的大脑有一种偏见，对"好的意外"往往容易忽略，对"坏的意外"却印象深刻。比如你计划每天跑步5千米，如果有一天跑了10千米，你并不会太在意，可一旦有一天没跑，你就会记得很清楚。随着意外的次数不断增多，你记住的都是自己表现不好的那一面，使得你对自己的评价总是比实际表现要差一些。久而久之，你就会认为自己其实配不上那么高的标准，然后就开始不自觉地降低目标，直到最终放弃。

既然人的记忆对坏消息更加敏感，那就要在执行的过程当中多记录好消息和正面的信息，缺乏自信的时候拿出来看看，加深对好消息的印象，经常给自己补充一点"正能量"，从而防止不断衰减的负反馈回路，这样你就更容易坚持下去了。

16. 顺势思维：尽力而为不如顺势而为，事与愿违之后有更好的安排

曾经看过一段话是这么说的："越忙的时候，越应该停下来，从千头万绪中找到重点去做；越焦虑的时候，越应该闲下来，从繁杂的内心中寻找平静然后轻装上路；越爱一个人的时候，越应该淡下来，从浓烈的盲目中找到彼此接受的方式去爱；越恨一个人的时候，越应该宽下心来，从被囚禁的情绪中挣脱出来并走向属于自己的未来。"

这几句话猛一听像是一碗没给勺子的鸡汤，但如果你仔细品读，还是有几分道理的，里面包含着一种凡事不要过度用力的人生哲学。

对我们每一个人来说，在平淡的生活中积极进取、为实现目标而全力以赴，都是值得提倡的人生态度；可一旦用力过度，无视客观规律，不仅达不到目的，还会适得其反。

有一位作家去著名景点旅游，走到一个瀑布附近，正观赏美景的时候，突然看到有一个人不慎落水，掉进了瀑布下

面的积水潭里。落水者在水中不断地挣扎，拼尽全力游向岸边，但由于瀑布下面水流很急，形成了一个旋涡，不断将他卷入水潭的中心，由于救援人员没有及时赶到，几分钟后这个人溺水而死。

可就在他死后不到一分钟的时间，他的尸体就被不断涌动的水流卷到了岸边。这位作家在遗憾和惋惜之余，对这起事件进行了假设性思考，他想如果这个人在落入水中之后不做任何挣扎，是否能顺着水势被冲到岸边从而保住性命呢？

所以，无论做任何事情，在尽力而为之前，最好先顺势而为，否则可能就是在做无用功，严重的甚至会适得其反。

趋利避害是人的本能，在潜意识里，我们总是希望能掌控一切，让所有事情都朝着自己想要的方向发展。可任何人都不是宇宙的中心，单凭一己之力是不可能跟趋势抗衡的，注定要发生的事情，你越是阻止，效果反而会越糟糕。与其费力不讨好，倒不如顺其自然、随遇而安，或许会有预料之外的收获。

所谓"顺势而为"，主要包含以下三种情况。

不要强行干预规律及趋势性事件

创新行为，可不是仅靠鼓动和号召就能作出来的，特别是革命性、颠覆性的创新，取决于你敢不敢把它放在一个自由竞争的市场环境当中，任由其发展和消亡。

早年诺基亚手机业务倒闭的时候，芬兰政府就没有启动任何救助计划，而是让其自然死亡。能做到这一点是需要勇气的，因为巅峰时期的诺基亚为整个芬兰贡献了近4%的GDP，以及25%的出口总额。对于市场经济的运行规律，芬兰政府并没有强行干预，从短期来看是损失，但从长期来看回报更大。虽然诺基亚不行了，但从诺基亚出来的专家和精英们组建了很多个基于移动互联网的高科技公司，在更大程度上盘活了芬兰的经济，提高了就业率。

当然，我们只是平民百姓，就算想干预经济规律也无能为力，但我们可以用这种思维方式来处理自己分内的事，我们管不了政府可以管企业，管不了企业可以管学生，再不济还可以管自己或者孩子。对于生活中的一些"小灾难"，如果你竭尽所能都无法阻止，那就干脆放手不管，让它自然发生。比如，留不住的人，就随他去；孩子喜欢运动，就别总逼他学钢琴；等等。

🧠 用积极的态度应对意外和麻烦

1989年，旧金山发生了6.9级的大地震。地震过后，当地的一个码头附近出现了很多鲱鱼，并引来了一大群以鲱鱼为主食的海狮，因为海狮太多，船只很难靠岸，码头也无法正常运营。

这个码头的管理层始终都没找到解决问题的办法，最后不得已只能顺其自然，既然赶不走这些海狮，就让它们好好待着吧。于是他们就做了很多浮板放在海岸边的水面上，专门用来让海狮休息、晒太阳，还建起了海狮观赏台，让人可以近距离观赏海狮。

后来，这些海狮吸引了很多游客，随着游客越来越多，码头附近逐渐出现了餐厅、酒吧、购物中心、纪念品商店、酒店等公共服务设施，码头的功能最终被旅游业取代。这就是旧金山最著名的旅游胜地——渔人码头。

没有人喜欢意料之外的麻烦，然而不管你愿不愿意，意外总是会发生。尤其是在现今这个快速发展、复杂多变的社会环境中，意外已经不再是意外，反而是一种常态，生活中长时间不出现意外，那才是一种偶然。当意外来临的时候，如果实在无法改变，倒不如尝试着积极应对，一件事到底是好事还是坏事，是幸运还是苦难，有的时候并不在于事件本身，而是取决于你面对它时所采取的态度。

吃亏往往是占便宜的开始

"日本经营之圣"稻盛和夫在商业界可以说是功勋卓著、威名远扬，在他的一生当中，他不仅创办了两家世界财富五百强企业，还救活了一家世界五百强企业。他所创立的第二家企业叫作KDDI，是日本第二大电信公司。

在20世纪80年代，稻盛和夫看准了电信业的机会，创办了这家公司。当时的通信工具还都是固定电话，而且整个市场已经被日本国营电信垄断，稻盛和夫根本拿不到大城市的市场份额，只能到小城市和农村发展业务，这就大幅增加了基础设施的建设成本。在这种恶劣的条件下，KDDI的经营业绩非常惨淡。

但是，稻盛和夫一直有一个道德信条，也是他的商业信条，那就是"吃亏就是占便宜的开始，危机就是转机"。

经过反复思考，他得出一个结论，要想大规模地节省基础设施建设成本，唯一的办法就是将通信工具从有线改成无线，想清楚了这一点，他就开始带领全公司朝着这个方向发展。当竞争对手还在一心运营固定电话业务的时候，稻盛和夫就进入了无线通信领域。几年之后，无线电话业务成为市场主流，KDDI凭借已经积累的优势异军突起，业务呈井喷式增长，一举成为世界级的电信公司。

伊森伯格曾经说："人生小小的不幸，可以帮助我们渡过重大的不幸。"很多时候，吃亏就是占便宜的开始，当危机出现的时候，往往意味着更大的机会，只要鼓起勇气接纳现状，深入思考，作出积极的回应和改进，扭转局面也只不过是时间的问题。

你只有跌入从未经历过的谷底，才能站在从未到达的高峰。

- 第三章 -

自我管理

每个人都是自己的命运建筑师。
——沙拉斯特

17. 情商思维：脾气好、会说话不等于高情商，情商高低取决于四种元能力

在有关个人能力和自我管理的话题中，有一个词经常被提起，就是情商（EQ）。平时，我们经常会听到一些关于情商的言论，如"某个人智商很高，但情商不高""情商比智商更重要"等。情商究竟是什么？要想对情商有一个正确的认知，首先要了解什么是智商。

智商（IQ），通常是指人的观察力、记忆力、想象力、创造力、分析判断能力、应变能力、推理能力等。简单地说，<u>智商就是一个人理解规律、运用规律的能力</u>。智商的高低一部分取决于先天因素，但在更大程度上取决于后天的培养和训练。

情商和智商并不是相互独立的，情商是智商的一部分，是智商在情绪方面的体现。情商的高低主要取决于两个方面：一是智商的高低，智商不高，情商也不会高；二是是否注重把智商用在个人情绪的管理和训练上。

对"情商"以及"情绪管理"最大的误解是认为一个人只要不随便发脾气，会说话，处事圆滑，懂得人情世故就是情绪管理得好，就是情商高。这使得现实生活中有许多一门心思做事的创业者或者科研人员，像乔布斯、马斯克这些人，因为人际关系处理得不好而被大众认定为"情商低"；其实他们并不是真的情商低，而是他们更倾向于把智力资源放在业务上，而不是用来维护人际关系。

真正的高情商，主要体现在四个方面，分别是同理心、自我控制、自我激励、人际关系。这四种能力都属于人的"元能力"，之所以称为"元能力"，是因为很多能力都是从这四种能力衍化而来的。虽然智商的高低决定了情商的天花板，但大多数人在情绪管理上的表现，还远远达不到拼智商的程度。所以，要想提高情商，首先要提升这四种能力。

🧠 同理心：站在别人的角度考虑问题

同理心是一种"共情"能力，表示一个人深刻理解别人的处境和感受，从而站在对方的角度思考问题的能力。亨利·福特曾经说："<u>成功的秘诀就是把别人的鞋穿在自己脚上的能力。</u>"比如，当你设计一款产品的时候，你能否从用户的真实需求和使用场景出发，而不是根据自己的需要或想象来定义产品的功能；当你演讲的时候，你能否从听众的角度思考和设计演讲稿，沿着"听"的逻辑去"讲"；等等。

在职场当中，同理心能促进合作，让你赢得上级和同事的信任。比如，主动跟领导汇报工作进度、向上级征求意见之前先准备好几个备选方案……这些优秀的职场素质都是有同理心的表现。

培养同理心的方法很简单，就是遇到事情的时候多想一步，尽可能做到设身处地、感同身受，事后多做总结和复盘，久而久之，同理心就会成为你的习惯和本能。很多人之所以缺乏同理心，不是因为坏，而是因为懒，不做深入的思考和反省。

自我控制：自律，才是最大的自由

20世纪70年代，斯坦福大学心理学家沃尔特·米歇尔博士做过一个著名的"棉花糖实验"。

实验人员找来数百个小孩子，让他们待在一个房间里，给每人发一块棉花糖，然后对这些孩子说，我要离开房间一会儿，你们手里的棉花糖可以吃，但如果能等到我回来再吃，就能多吃一块棉花糖。最终，有三分之一的孩子得到了第二块棉花糖。

过了很多年，实验人员对这些孩子进行跟踪调查，发现那些很快就把棉花糖吃掉的孩子，成年后大多会出现肥胖、酗酒、事业失败、家庭破裂等问题；那些因为延迟享受而得到了第二块棉花糖的孩子们，成年后普遍更加自信、独立、事业有成、家庭和睦。

文艺复兴时期的法国作家蒙田曾说:"真正的自由,是在任何时候都能控制自己。"人之所以为人,就在于可以不被欲望和本能控制,而是能够自我管理、自我控制和自我约束。有调查发现,自控力强的人患心理疾病的概率更低,工作更有效率,更受人信任,也更容易成功。自律使我们与众不同,自律让我们活得更高级。

自我激励:真正的高手,都"自带鸡血"

自我激励是一种不需要外界的惩罚和奖励,不需要被别人说服和激励,就能自动自发、积极主动地为实现目标而奋斗的状态,俗称"自带鸡血"。

无论你想做什么,都必然会有因为遇到艰难、困苦、纠结、挣扎而走不下去的时候,每到这样的时刻,你会发现除了你自己,没有任何人能够真正地帮到你,渡过难关的唯一方法就是向前再走一步。

格力集团的董明珠曾对她的员工讲:"要让上级哄着才能做事的人,请回到你妈妈身边去,长大了再来面对这个世界。这个世界的现实太残忍,你想过得更好,你就要加倍地付出代价,而不是抱怨这个不适合我,那个我不想做。"罗永浩在一次采访中说:"在我所知道的所有失败的创业者当中,几乎没有人是因为决策失误或者什么别的原因而失败的,全都是因为自己觉得走不下去了,就放弃了。"各个领域的高手们从来都不会依靠任何人,而是会不断地激励自己去挑战自身能力的边界和极限。

💡 人际关系：永远不要透支你的情感账户

人际关系学大师卡耐基说："一个人事业的成功，只有15%取决于他的专业技能，剩下的85%要依靠人际关系和为人处世的能力。"而经营人际关系的本质，就是不断地在你的情感账户里"存款"和"取款"的行为。每一次求助于人，都是一次"取款"，而每一次付出和给予，都是一次"存款"。良性的人际关系就是要时刻保证你的情感账户里是有余额的，而不是无底线地透支。

首先，要养成随手"存款"的习惯。"存款"未必是一次性地为别人提供很大的帮助，也可以是用心做一件小事，比如过节期间一个简单的问候，朋友情绪不好的时候说几句安慰的话，做错事了主动道个歉，这些都属于"存款"的行为。

其次，要警惕不必要的"取款"。比如，朋友圈求赞、求转发、求帮忙砍价、托出国的朋友帮忙代购之类的小事，看似举手之劳，却会在无形中支取你的情感账户。除非必要，能用钱解决的事就不要动用人情。平时也要允许别人往你的情感账户里存钱，接受别人的帮助，有时反而会促进你们之间的关系。

总之，情商是一个人的内功和软实力，看似无用，却总能在关键时刻起到决定性作用。无论是人际交往还是个人发展，都是如此。

18. 支点思维：改变命运的第一步先做什么？找到支点就实现了一半

要想彻底改变命运，第一步该从哪里下手呢？又或者，当一个十分复杂的难题出现在你面前的时候，先从哪里切入才好呢？

本节内容我们要讲一个用最小的代价撬动重大改变的方法。这个方法就是：<u>改变核心习惯，注意不是改变所有的坏习惯，而是改变最核心的坏习惯</u>。

什么是核心习惯？它又能给你带来什么影响呢？

美铝公司是全球最大的铝制品公司，业务范围遍及世界各地。这家公司的名字你可能没听说过，但你一定喝过可口可乐，装可乐的易拉罐就是这家公司做的。早在20世纪80年代中期，美铝公司内部曾出现过严重的管理问题，导致利润大幅降低，很多客户被竞争对手抢走，对此董事会决定聘请一位新的首席执行官来改变这个局面。

公司请来的新任首席执行官名字叫保罗·奥尼尔，也是美国的财政部前部长。奥尼尔走马上任的第一天，股东们都期待他能拿出一些高明的战略方案来改变公司的糟糕业绩，可奥尼尔在他的就职演说中只提到了一件事，就是如何解决工人的安全问题。而对产品服务、成本利润、合作竞争之类的事情，他只字不提，甚至连句鼓舞士气的话都没说。董事会成员十分不理解：公司已经陷入严重的危机中，很多重要的问题都还没解决，奥尼尔却在讲什么安全问题。一些股东彻底失望，甚至都开始抛售公司的股票了。

虽然众人一致反对，但奥尼尔还是坚定地执行了自己的方案，集中所有力量来完善生产过程中的安全措施。

最终结果如何呢？

几年之后，这家公司的净收益上涨了5倍，市值达到270亿美元，重新成为行业的龙头企业。在高速发展的同时，美铝公司工伤事故的发生频率也降到了美国平均水平的5%，成为世界上最安全的公司之一。

为什么一项看似与企业经营完全无关的政策，却能将一个困难重重、岌岌可危的公司转变为一个利润和安全双赢的企业呢？

答案是，奥尼尔改变了一个核心习惯。

美铝公司在解决安全问题的过程中到底发生了什么？

第一，以前公司每周至少发生一次工伤事故，每次事故都会引起工人的士气低迷，导致产量下降。当安全问题得到解决之后，工人的工作积极性就比以前高多了。

第二，多数安全事故都是因为工作流程不合理导致的，为了消除安全隐患，不得不改进工作流程，从而在整体上提高了生产效率。

第三，公司以前多次尝试过改进生产方案，却总是因为工人的反对而难以执行，有时甚至会引起大规模的工人罢工，但后来当所有政策都是出于对工人的人身安全考虑时，工人们就愿意配合，上下级的矛盾得到缓解，提高了全公司的执行力。

第四，为了从根本上消除安全隐患、达到零工伤的目标，管理层需要积极收集来自一线工人的反馈。这样不仅建立了高效的沟通机制，很多工人还顺便提出了一些与安全无关的改进意见，创造了一种好创意争相涌现的氛围，层级间的信息交流也更加顺畅。

第五，因为公司总部离工厂距离比较远，员工之间不得不利用内部软件系统来讨论安全问题，从而让这个系统不断得到改进和完善。后来，这个系统也经常用于处理其他商业问题，最终形成了一整套企业管理信息系统，使得公司在信息化方面比其他竞争对手领先了好几年。

奥尼尔说，我们的时间和资源有限，不可能什么都做，也不能强迫其他人作出改变，所以我们只能集中力量解决一个核心问题，最终的结果会引起连锁反应，从而带动其他问题得以解决。

其实无论是人还是企业，总有一些习惯能够驱动和重塑其他行为模式，这些习惯就是核心习惯。核心习惯是一个开关，一旦启动，就会像多米诺骨牌一样，最终会改变一切。

美国罗德岛大学的研究人员表示，对很多人来说，运动就属于一种能够引起广泛变化的核心习惯。研究人员根据 10 年的调查数据发现，运动的习惯对日常生活的各个方面都有着重大的影响，即使每周只运动一次，也会在不知不觉中改变其他行为习惯。比如，有的人因为经常运动而改掉了不良的饮食习惯，有的人睡眠质量更高了，有的人戒掉了烟、酒和信用卡，有的人改掉了坏脾气，对家人也更有耐心了，等等。

所以，要想获得重大改变，你第一步要做的，就是找到并改变一个核心坏习惯。

习惯的力量非常强大，从某种程度上来说，它几乎能决定一个人的命运。习惯一旦养成要想改变特别不容易，更要命的是，一个坏习惯往往会带来第二个、第三个坏习惯，直到把人逼向绝境；相反，一个好习惯也会带来更多的好习惯，让优秀的人越来越优秀。

19. 习惯思维：简单到不可能失败的习惯养成法

无论你是打算长期坚持做好一件事，还是想要让自己在某些方面变得自律，成本最低的办法，就是把它养成习惯。

不知道你有没有想过，为什么跑步、早起、读书这些你经常下决心要坚持下来的事总是半途而废，却能毫不费力地做到每天刷牙洗脸？为什么有些事你总是不想做，而有些事你一天不做就难受呢？

答案是，习惯的力量。

习惯对一个人的影响有多大，相信你早有耳闻。杜克大学在 2006 年发布的一份报告里指出，人在每天所有的行为当中，有 40% 不是出于决定，而是出于习惯。史蒂夫·乔布斯在他 30 岁生日的邀请函上写了一句古老的印度谚语："在人生的前 30 年，你培养习惯；在后 30 年，习惯塑造你！"

我们都知道习惯非常重要，但问题是养成习惯并不是一件容易的事，习惯就像一个巨大的生了锈的铁轮一样，刚开始的时候你怎么推它都纹丝不动，可一旦转动起来，它就会越转越快，你想让它停都停不下来。

那我们怎么才能用更小的代价、相对容易的方法养成一个好习惯，从而推动铁轮旋转，撬动人生呢？

答案是，微习惯。

"微习惯"这个概念是斯蒂芬·盖斯提出的。斯蒂芬·盖斯原本是一个普通的宅男，他喜欢享乐、贪图安逸，游戏一打就到半夜，垃圾食品吃到嘴软，身体和精神每况愈下。

然而在2012年的时候，他从每天坚持做一个俯卧撑开始，逐渐改变了生活状态，两年后他几乎变成了另一个人，不仅拥有了梦想中的体型，而且阅读量增长了10倍，写文章的数量增长了4倍。而这所有的一切都是从一个个微小的改变开始的。

后来他发现，习惯真的是太重要了，于是他开始研究习惯的养成规律和底层逻辑。斯蒂芬通过亲身经历，以及对自己做实验，总结出一套心法——微习惯。当你想要养成一个好习惯的时候，微习惯能将阻力降到最低。

为什么建立一个好习惯是一件很难的事情？

在平时，我们想要培养一个习惯通常会用到两种方法：一个是动力策略，一个是意志力策略。

所谓动力策略，就是先给自己画个饼，确立一个内心向往的目标，通过对诗和远方的憧憬让自己有动力来坚持行动。比如，一想到自己健美的身材走在街上的时候会吸引无数帅哥美女的目光，那么每天坚持锻炼可能也不是多难的事；一想到自己财务自由之后就可以环游世界，那加班干活、学习充电或许就是一种享受。

但是我认为，动力策略的问题在于，它很难摆脱边际效用递减规律。也就是说，刚开始你的行动意愿可能非常强烈，可每当你取得一些成果的时候，你的行动意愿、热情和动力就会下降一些。比如，有一天当你发现自己的体重已经飙升到 90 千克的时候，恨不得每天运动 8 小时；而当你坚持锻炼了一个月之后，发现体重降了 10 千克，你就觉得自己瘦了好多，减肥的意愿也就没那么强烈了。于是你就又开始胡吃海喝，等体重反弹之后，再次下定决心重新减肥，就这么反反复复，劲儿没少费，却总是不见效果。所以从长期来看，动力策略并不靠谱。

另一种是意志力策略，是用人的意志力来维持某种行动，这种方法也好不到哪去，因为人的意志力是有限的，而且特别容易受到外界环境的影响。比如，正常的时候你能每天坚持读书一个小时，可是如果有一天出现了夫妻吵架或者工作压力突然增大等意外的情况，你的意志力就会被消耗殆尽，正在坚持的习惯可能就会中断。

因此，<u>比动力策略和意志力策略更可靠的方法，就是微习惯</u>。

什么是微习惯呢？简单来说就是在习惯养成的过程中，

把每一次的行动大幅缩减，缩减到很小很小，小到不可思议、小到忽略不计。比如，把每天做100个俯卧撑改成每天只做1个；把每天写500字文章的目标改成每天只写100个字；把每天看10页书改成每天只看1页书；把每天画一幅画改成每天只画一笔。也就是要让每天的目标缩小到不需要动用意志力来维持的程度，但要确保每天一定坚持完成这个最小的目标；当然如果能多做更好。斯蒂芬·盖斯认为，微习惯能够帮助我们解决在养成习惯的过程中意志力不足的问题。

为什么微习惯会起作用呢？

因为当我们想要培养一个习惯的时候，会受到两方面的阻力：一是无法开始行动，二是难以坚持下去。

由于微习惯的目标足够小，我们的潜意识不会惧怕开始行动，而且只要多做一点点就能超额完成任务，也就完全没有坚持不下去的压力。人的大脑往往是抗拒改变的，微习惯只需要消耗极小的意志力就可以让大脑低成本启动起来，行动一旦开始，身体的螺旋状激励机制就会引导我们完成更多的任务。比如，做俯卧撑最难的一步其实是趴下来的准备动作，做1个俯卧撑和做10个的准备动作是一样的，当你做完第一个的时候，再继续做第二个、第三个就很容易了。再比如，一旦你决定开始下笔写作，在写完100个字的时候，思绪已经有了，再多写几十甚至成百上千个字也是很自然的事。大脑就是这样一点一点被行动改变，最终形成习惯的。

此外，通过微习惯每天完成一个很小的任务，我们就不会因为自己没有完成目标而感到愧疚和挫败，因为你几乎不可能完不成；相反，我们会因为每天坚持取得的小成就而不断地养成习惯，不断地坚持下去，最终实现心中的那个大目标。

总之，微习惯就是从小处着手来撬动重大改变的支点。

最后一个问题就是，我们该如何在实践中应用微习惯呢？我将微习惯在实际生活中的应用分成以下七个步骤。

（1）选择一个微习惯，制订每天的计划。比如，每天背一首唐诗，每天做一个俯卧撑，每天读一页书，每天背一个英语单词，等等。

（2）挖掘每个微习惯的内在价值。要经常思考这个习惯一旦养成，会给你带来哪些好处，以增加行动的意愿。

（3）建立回报机制。比如，每坚持一段时间，就给自己一个小小的奖励，提升坚持下去的动力。

（4）记录和追踪完成的情况。当天任务完成，在日历上做一个标记，自我监督和实时反馈是一种非常有效的激励措施。

（5）微量开始，超额完成。行动一旦开始，就要尽可能超额完成。

（6）服从计划，稳扎稳打，一定不要急功近利。按计划执行一段时间以后，你可能会觉得每天的任务太容易了，然后将目标上调。其实没必要，长期坚持才是最重要的，如果有多余的时间和精力，只需要反复执行第5步就可以了。

（7）留意习惯养成的标志。当某件事情你不用思考就会去做的时候，表明你已经养成了习惯。在习惯真正养成之前，不要停止微习惯的计划。

最后，再强调一下，微习惯最关键的地方在于，每天的目标一定要足够"小"，小到可以忽略不计。如果你一次能做50个俯卧撑，那可不可以把每天的目标定得稍微高一点呢，比如5个或者10个？我的答案是——1个。因为只有足够小，才不会让大脑感受到威胁。

我们经常犯的一个错误就是，将正常状态下所能达到的最小目标当作每天都可以完成的目标，而忽视了人的状态其实是不稳定的，是会产生剧烈波动的，如果遇到极端情况，就可能因为负面情绪而使计划中断，失败几次之后你就再也坚持不下去了。所以，建立微习惯，不要担心每天计划完成的任务量太少。如果你不知道多少才算合适的话，那就设定一个最小的目标。

20. 精读思维：读书没收获，是因为你没有掌握正确的方法

查理·芒格有句名言："我这辈子遇到的来自各行各业的聪明人，没有不每天读书的，没有，一个都没有。"

关于读书与不读书的人到底有多大差别，万维刚老师说过这样一段话：

武侠小说常常把武林高手描写得比坦克还厉害，瞬间秒杀百八十号人，那都不是事儿；可在真实世界中，即使你武功再高，也不可能同时对付几十个手拿冷兵器的人。但一个人的智慧和见识却可以达到以一敌百甚至更高的境界，一个在学识上很厉害的人，他的"内力"之高，你就是上再多俗人也没用。

的确，身体上的训练对人体能量的提高非常有限，而读书却可以无限提升人的思维境界。总之，读书的好处很多，

任何人都应该尽可能地多读书，这已经是当今人类世界的普遍共识。

但同样是读书，不同的人效果会千差万别。对于相当一部分人而言，读书的困惑在于，当时觉得很有收获，但是在合上书之后，就又把学到的东西还给书本了，等遇到问题的时候，又感觉有些知识好像在哪本书里看到过，可就是怎么都想不起来了。长此以往，就会给我们带来一种感受，就是懂了那么多道理，也过不好这一生。

其实仅仅是把书读完，并不意味着你掌握了这本书的要领，即便是脑子记住了一些内容，也不能保证你在遇到实际问题的时候可以灵活运用。学习知识不能只靠单纯的理解和记忆，而是要让知识以某种结构"长"在你的脑子里。

读书的高手，都是有自己的一套知识体系的，就如同长在他们大脑中的一棵树，或者一张结构清晰的知识图谱，等学习了新知识，就把它放在合适的位置上，用的时候也知道从哪儿提取，而不是零散地堆在脑子里，这种知识体系就是我们常说的"心智模式"。

比如，普通人通常把鱼按照品种分类，而一个有知识体系的渔民会把鱼按照巡游习惯和商业价值分类；真正懂音乐的人听一首古典音乐要听很多个不同的版本；一个专业的油漆工可以识别十几种不同的白色；对于车祸，一个初级水平的交警看到的只是车祸，而一个有知识体系的交警看到的是一个有起因、有发展、有结果的事故。这就是知识体系的作用。

知识体系能让你快速、灵活地运用所掌握的知识来应对复杂多变的局面。那我们该如何建立知识体系呢？

要想在阅读和学习过程中形成知识体系，最有效的方法就是做读书笔记。这也是很多牛人读书的一个共同特点：曾国藩读书有很多讲究，其中有一条就是"不动笔，不读书"；据说钱锺书家里基本不藏书，再好的书也是看完就顺手送人，但他读书必做笔记，读书笔记永远保留，随时拿出来用，而且他做笔记的时间，大概是读这本书时间的一倍；达·芬奇的笔记本虽然杂乱无章，却是他精妙思想的重要来源，由于他的想法太多，所以笔记根本来不及整理。有专家预测，如果他整理了他的笔记，整个世界的科技可以进步30年。

但是请注意，这里所说的读书笔记，并不是我们上中学的时候原原本本抄写老师板书的那种笔记，也不是用"思维导图"总结的知识要点结构图，真正好的读书笔记不仅是对知识的记录，更是对思考、想法、疑问和灵感的记录。

人的大脑就像计算机的内存一样，容量小、资源稀缺，只能用来做最重要的工作——思考。而笔记就像是计算机的硬盘一样，负责存储和记忆，这样我们需要的时候不用翻书，直接看笔记就可以了，笔记就是大脑的延伸。所以，一份好的读书笔记，要做到尽可能取代原书的地步，至少要具备以下四点。

🔖 清晰地表现每一章的逻辑脉络

笔记最好和书中的结构保持一致，按章节记录，并保留书中的标题。每读完一章，用自己的语言记录下这一章所讲述的主要内容、核心知识点以及逻辑脉络。

很多人看书只会记住一些结论性的东西，如果仅仅把这些结论单拿出来，不考虑上下文的关联，每个人都可能有不同的解读，以至于曲解作者本来的意思，这就是"只见树木，不见森林"。比如，人们经常引用《论语》中的一句话"父母在，不远游"，却不知道后面其实还跟着一句"游必有方"。

让一本书由厚变薄，就要把具体的内容抽象为知识地图，只有当你跳出书中的具体内容，以居高临下的姿态俯瞰全书的时候，才能把握它的整体结构和脉络。

🔖 带走书中的所有亮点

在 Kindle 上看书的时候，上面会显示其他读者做的标记。我发现一个规律，大多数人都是像小学生画重点句子一样只在章节的第一句和最后一句做标记。高手们从来不是这种读法，除了很明显的重要段落之外，他们还会拿走书中的所有"亮点"。比如，一个能让人醍醐灌顶的小故事，一段令人拍案叫绝的句式，一语惊醒梦中人的箴言典故，等等。

分析脉络的时候要忽略细节，分析完脉络要把细节中所有能启发思考的"亮点"全部带走。

❀ 记录下自己的心得和灵感

喜欢藏书的人认为让书干净最重要，所以他们只买书不看书；初级读者喜欢在书中画线；高水平的读者会在书中写满批注。列宁酷爱读书，他读书时很喜欢在书页的空白处随手写下内容丰富的评论、注释和心得体会。每当读到精辟处，他就批上"非常重要""机智灵活""妙不可言"等，读到谬误处，就批上"废话！""莫名其妙！"。列宁的重要著作《哲学笔记》就是在读哲学书籍时写的批注和笔记汇编而成的。

一本好书总是能不断地激发你的灵感，这些灵感不见得现在就能用上，但灵感往往是很难再现的，非常宝贵，所以你最好马上记下来，否则很快就会忘记。等若干年之后回过头来再看，对这些灵感的记录可能比原书更有价值。

❀ 找出并记录这本书和其他书籍的联系

没有任何知识是可以脱离其他知识而独立存在的，新知识也是建立在已有知识的基础之上的。当你读书读到一定程度，你经常会发现同一个内容会在不同著作或者不同文章当中出现，很多书彼此之间都有关联，只不过在表达的方式和角度上有所不同。真正用心读书的人总是对这些关联特别敏感，时间长了，就会获得很多美好的体验。比如，能够清楚地感受到人类知识水平的不断进步；有时候你必须对几本书的不同结论进行多方评估和权衡，才能得出你认为最靠谱的结论；其中最棒的感觉就是，他们说的都不对，只有你才知道正确答案，这时候你该怎么办？把你的想法和观点写成文章发表出来。

最后，送给你读书的三个心法。

第一，一本好书最好能读两遍。

第一遍以最自然的状态去读，体验作者的精妙思想，享受读书的乐趣；第二遍开始记笔记，读一章记一章，笔记写完，这本书就可以送人了。读第一遍是为了陷进去，第二遍是为了跳出来。

第二，要想有收获，先要有态度。

也许你觉得这样读书会非常累，一点儿都不享受。其实累与不累取决于你读书的目的是什么，如果你只是为了娱乐或者修身养性，那随便怎么读都行；可要想学知识、长本事，那就真得拿出点严谨的学习态度，毕竟学习是一件很正经的事儿。

第三，以我为主，而不是以书为主。

曾经有人说："世界上值得反复阅读的书不超过一百本，大部分的书只要把有用的东西挑出来就可以扔了。那些能让书籍为我所用的人，才是真正的精神贵族。"

21. 极简思维：最完整的"断舍离"法则，别让过剩的物品毁了你的生活

很多人的家里可能都存放着太多没用的东西，这些多出来的物品不仅没能提升我们的幸福感，反而占据了我们大量的时间、空间和精力，让生活变得越发沉重和琐碎。所以，我每次打扫房间的时候，都要把那些没用的东西清理一遍。

在你拥有物质的同时，其实它反过来也在拥有你。正如山下英子所说："不用的东西充满了咒语般束缚的能量。"要想让生活清爽有序、保持鲜活，我们就要不断地回归生活的本质，只关注自己真正需要的东西，对各种没用的物品进行断、舍、离。

"断舍离"，最早是由日本作家山下英子提出的一个概念：

断，是指不买、不收取任何不需要的东西；

舍，就是要处理掉堆放在家里的那些没用的物品；

离，是通过不断地重复"断"和"舍"的动作，逐渐改变对物质迷恋的状态。

"断舍离"提倡的是一种为生活做减法的原则。学习和实践断舍离,可以帮助我们重新审视和物品之间的关系,从关注物质转变为关注自我。我们可以从扔掉身边所有"不需要、不适合、不舒适"的东西开始,来弄清楚自己真正想要的是什么,让生活变得更加简洁,从而拥有更多的时间和精力。

那究竟该如何对闲置物品进行"断舍离"呢?我在实践之后总结了以下"十大心法"。

首先要戒掉买买买的习惯,也不要收取任何用不着的物品

在决定购买一样东西之前,你要先问问自己买这个东西究竟是为了满足自己的新鲜感和虚荣心,还是你真的需要它。宁可在需要的物品上多花钱,也不要因为廉价而购买一堆没用的东西。另外,对于各种赠送品、试用品和纪念品,如果不是真正需要就不要拿进家里。

正确认识"自我"与物质的关系

决定一件物品的去留,要以"我"作为判断的唯一主体,我现在是否需要、是否舒服才是最重要的,而不是物品还有没有利用价值、扔了是不是可惜,等等。记住物品永远是为人服务的,只有把"我"作为主体,才能让你从混乱和无序当中解放出来。如果总是考虑这个东西本身有没有用、还能不能用,那就是以物品为主体了。

先扔起来再说

"断舍离"最重要最核心的原则是只留下真正需要的东西。舍弃是一门技术,要在做中学,在学中做,千万不要等待,你不是静下心之后才能舍弃,而是舍弃了之后才能静下心来。

先从那些显而易见的垃圾开始处理

过了期的食品,坏了的电器,过时的或者不合身的衣服,没用的纪念品,等等,可以把这些显而易见的不用、弃置之物作为垃圾处理。

日常囤货没有必要

平时真的没必要囤积太多备用物资,你的家里不需要库存,街边的超市和便利店才是你的库房,用的时候随时购买就行。

长时间不用的东西可以处理掉

换季的物品要保留,但如果你一年四季都没用过,说明你并不需要它,大概率明年照样用不上,可以果断处理掉。

仪式感

有些东西虽然没用了,却承载着对过去某个重要时刻的回忆,或者有着非凡的纪念意义,如果你想处理掉它们却又恋恋不舍该怎么办呢？我有一个办法可以帮到你，在处理这件物品之前，你要对它在过去一段时间里的陪伴和贡献表示感谢，并祝福它在未来可以"过得"更好，这样的仪式感能增强你舍弃的决心。

对物品进行需求分类

有些物品可能暂时还不好确定是否还用得着，你可以把它们先挑出来，集中放在一个显眼的地方，再给自己点时间重新审视你们之间的关系，相信用不了多久，你就知道该怎么处置它们了。

这件东西到底该扔还是该留下

如果这个问题让你反复思考了5次以上，就该果断扔掉它，因为它已经开始牵扯你的精力，而且这种习惯还会让你纠结其他东西的去留，长此以往，你将不胜其扰。

扔掉你的收纳用品

真正值得拥有的东西其实并不多，那些看起来能为我们节省空间的收纳品反而在占据着我们的空间，同时也为囤积更多没用的物品做好了准备。

也许有人会认为，很多东西明明还有价值，白白扔掉岂不是浪费资源吗？有这样的想法的人，没有把自己和物品放在自然和社会这个大环境中去思考。这些东西虽然还有价值，可如果在你的手中被遗忘，是不能发挥任何作用的，为了让它们继续发挥余热、创造价值，我们就要像"放生"一样让它们重新回归到自然和社会当中，相信它们可以去到最有需要的地方，继续完成它们的使命。将这种让物品获得自由和新生的行为长期保持下去，你也会培养出一种看待事物积极乐观的心态。

通过不断操练"断舍离"而形成的极简主义的生活方式，还可以为我们的生活带来以下四个变化。

（1）时间变多了。你省去了很多购物的时间、翻找东西的时间，以及整理杂物的时间。

（2）拥有更充沛的精力。需要你操心的东西少了，生活以及工作的效率提高了，精力自然也就多了。

（3）作决定更加果断。当你不断地操练在犹豫不决中进行取舍，根据自己真实的意愿去做决定，久而久之，你就会发现，你优柔寡断的毛病也被慢慢地治愈了。

（4）内心更加宁静、平和。当你决定不去占有更多物质的时候，就会更专注于自己的内心，也会更珍惜自己身边留下的东西。这种宁静、平和的心理状态，会为你带来更多的满足感、成就感以及幸福感。

22. 冻龄思维：为何有的人容貌比实际年龄小很多

宙斯在希腊神话中是众神之首，拥有至高无上的权力，但是这个家伙特别好色，人间的女子只要愿意跟他苟合，他就会答应这个女子一个愿望，不管这个愿望有多难，都可以帮她实现。

有一天，一个叫西尔比的女人，和宙斯春风一度之后，宙斯问她："你想要什么我都可以给你，但只有一次机会。"西尔比想了想，说："我要永远不死。"于是宙斯答应了她。

1000年以后，宙斯又见到了西尔比，这时候她已经老得不成样子了，满脸都是皱纹，身体也萎缩得很小，各种疾病缠身，看起来非常痛苦，她对宙斯说："求你让我死了算了。"

宙斯说："抱歉，你已经没有第二次提要求的机会了。你不是要永生吗，我已经给你了，怎么现在又要死呢？"

西尔比说："我忘了管你要青春了……"

虽然这只是一个神话故事，却道出了大多数人的愿望：

无论现在奋斗的目标是什么，终极的渴望和诉求就是能永远健康地活着，至少也要活得久一点，只要人还在，一切皆有可能。

可是光活着还不行，如果你不够年轻，有些事就很难办，有些福你也享受不了。很多人会把看起来比同龄人更年轻看得比健康长寿还要重要，特别是一些女性朋友，有时候为了彼此多一些了解而问对方一句芳龄几何，那都算犯了大忌。平时我经常跟女孩子开玩笑，比如，刚见面的时候我会说，才几天没见你怎么胖了这么多？但是我绝对不敢说，才几天没见你怎么老了这么多？她们会真往心里去。相反，如果你带着一种不可思议的表情，再加上十分肯定的语气说，"怎么可能，你看起来可不像四十多岁的，最多也就二十七八岁的样子……"，那对方可能会十分开心。

有些人就是老得快，有些人就是老得慢，这到底是由什么决定的？有没有什么办法可以让我们能老得慢一点呢？

一个人寿命长还是短，长相显老还是年轻，从生物学的角度来看，是由基因决定的；从医学的角度来看，会受到当时的医疗水平的影响；从养生学的角度来看，取决于营养是否均衡，饮食作息规不规律，有没有注意保养，平时做不做运动，心情好不好；等等。

这些说法都有一定的道理，但也都有各自的局限性，很难形成一个统一的结论。不过好在现代科学又有了新进展，研究发现除了遗传基因、医疗、养生等因素之外，心理因素可能对人的寿命以及延缓衰老更能起到决定性作用。

什么决定了人的衰老

诺贝尔医学奖得主加州大学旧金山分校的教授伊丽莎白·布莱克本和精神病学教授埃利萨·埃佩尔提出了一个理论——端粒效应，揭示了人衰老的秘密，以及怎样才能延缓衰老，让人看起来比同龄人更年轻。

为了让你能更好地理解端粒效应，我们首先来普及一个生理学常识。

李笑来老师经常说："7年，就是一辈子。"这句话是什么意思？

我们都知道，人体每天都有大量细胞死亡，同时有大量新细胞产生，经过不断新陈代谢，差不多7年时间，人体内所有细胞就会全都换一遍。人还是那个人，但细胞已经不再是那些细胞了，整个人相当于换了一个身体。

如果人体细胞能这样持续不断地推陈出新，人就不会衰老。可遗憾的是，细胞再生的次数是有限的，达到一定次数之后，就会停止更新，人体内各种器官的机能就会衰弱，人就会变老。

那又是什么决定了细胞更新的次数呢？是一种叫作"端粒"的东西。

简单来说，端粒就是染色体末端的一个DNA序列，你可以把人的染色体想象成一根鞋带，鞋带两端的塑料头就是端粒。人体细胞每更新一次，端粒就会变短一点，随着年龄增长，端粒会越来越短。

一个人皮肤的老化程度、白头发的数量、骨质密度、心肺功能、大脑机能等，归根到底都是由端粒的长度决定的。有的人之所以比别人老得慢、寿命长，就是因为他们的端粒比其他人更长，或者变短的速度比别人更慢。

两位教授带给我们的好消息是，端粒变短之后，是可以再次变长的，至少我们有办法减缓端粒缩短的速度。怎样才能做到这一点呢？

衰老的速度取决于面对压力时的反应

加速端粒变短的第一个重要原因就是压力，生活压力过大会让人老得更快。我们在电视上经常看到，那些贪污受贿的官员，被抓之前都还精神抖擞、红光满面，然而在入狱之后，面对镜头接受记者采访的时候，往往会显得格外憔悴、苍老，有的甚至头发都白了，这都是在短时间内承受了过大压力导致的。

但人不可能完全没有压力，没有压力就没有动力，从而变得懒散懈怠，难以进步和成长，所以问题的关键不是有没有压力，而是人在面对压力时的反应，你是把它看成威胁，还是把它当作挑战。

研究人员做了一个实验，他们找来了一些志愿者，这些人都是长期照顾患病孩子的母亲。在测量了她们的端粒长度，并排除了年龄、健康程度等其他因素之后，研究人员发现了一个规律：照顾孩子时间越长的妈妈普遍端粒越短，而那些明显感受到巨大压力的妈妈们端粒最短；当然，也有极少数的母亲同样是照顾了孩子很长时间，但端粒变短的现象并不是很明显。在经过多次实验、综合了各种影响因素之后，两位教授得出了一个结论：<u>对端粒的影响不在于压力的大小，而在于对压力的反应。</u>

面对压力，人通常会作出两种反应：一种是把压力看成威胁，认为这是一种生活的磨难、人生的不幸；另一种是把压力当作挑战，是成长的代价、人生的机会。

举个例子，假设你几天之后要在很多人面前做一场演讲，如果你总是担心万一搞砸了在众人面前出丑怎么办，那会导致你的心率加快，肾上腺素激增，一天到晚寝食难安，这种把演讲看成威胁的心态就会加速端粒的缩短。这样的次数多了，人就容易变老。相反，如果你把这场演讲当成一个扩大影响力、扬名立万的好机会，也许你依然会心率加快，肾上腺素飙升，血管中的含氧量上升，全身的资源都被调动了起来，准备好好表现一下，这种积极的态度会延缓端粒缩短的速度。坚持下去，衰老的速度也会变慢。对于大多数人来说，这两种反应都是存在的，只是占比不同而已，但在时间的加持下，就会有明显的区别。

面对压力，<u>产生恐惧是人的常态，也是人的本能，</u>那我们该如何变压力为动力呢？通常当你过于看重事情的结果、害怕失去什么的时候，就容易产生压力；如果你把关注的焦点放在是否有利于自身的成长上面，将会有助于你减轻压力。

增强对生活的掌控感

想要延年益寿、保持年轻，就要加强对生活的掌控感。

80多岁的巴菲特说自己每天都是踩着"舞步"去上班的；李嘉诚90岁才决定退休；成龙大哥已经60多岁了，还在为动作电影而拼命；71岁的施瓦辛格刚当完州长，又一头扎进了好莱坞。这些顶流明星和商界大佬们早就已经功成名就，实现财富自由，到了晚年该享受生活了，为什么他们还要这么拼呢？

这些现象并不是个案，很多政界、商界以及学术界的成功人士，到了退休年龄不想退休，即使不给钱，也要工作到死；更有意思的是，有的人每天上班身体好好的，只要一退休，各种病就都来了。这又是什么原因呢？是因为年纪大的人闲不住，还是工作让人更健康呢？

心理学家给出的解释是，<u>人的长寿来源于对生活的掌控感</u>。

哈佛大学的心理学教授兰格，有一次去拜访一所做临终关怀的敬老院，在那些生命接近尾声的老人当中做了一个实验。实验人员给每一位老人送了一盆植物，并把这些老人分成了两组。他们对第一组的老人说，这盆植物有专人负责养护，你们什么都不用管，尽管放心欣赏就可以了；对第二组的老人说，你们要定期为植物浇水、修剪，否则它就会死掉。也就是说，第一组老人的植物，生死由别人决定；对第二组老人来说，他们的植物能否活下来，完全由自己决定。

一年之后，兰格教授再次拜访敬老院，调查后发现，第二组老人的死亡率比第一组低了一半。

这个结论一出来，很多业内人士都表示怀疑，就这么一个小小的举动，怎么可能对人的生命产生这么大的影响？会不会是一种巧合，又或者是某种"幸存者偏差"呢？后来，这个实验被研究人员在不同国家、不同地区、不同种族的人群当中反复做了很多次，得出的结论几乎相同。

实验中的第二组老人之所以比第一组老人的死亡率低，是因为他们对生活的掌控感更强。

什么是对生活的掌控感呢？就是能够深切地感受到，自己的行为可以在一定程度上对这个世界施加影响，通过自己的努力和付出，能使这个世界有所改变，哪怕只是很微小的变化。

掌控感不仅有利于减缓人的衰老，还是衡量幸福感和心理健康的重要指标之一。很多人之所以会过度自卑，甚至患上抑郁症，就是因为长期不断地遭受挫折和打击，让他们感到失去了对生活的控制感，好像这个世界有没有自己都一样。

这个结论告诉我们，你要想让家里的老人更加健康长寿，最好的办法是让他们有事可做，为社会作出力所能及的贡献，展现自己的价值，这比买补品或者带他们出去旅行更能提升他们的幸福感。

对于年轻人而言，增加掌控感的方法也很简单，就是不断地给自己设立一个又一个的小目标,然后尽最大的努力去实现它们。当然,如果你能更进一步,找到人生的愿景、使命和意义,积极地去实现理想、超越自我,效果会更好。

总之,幸福感与掌控感,可以让人的心态年轻化,让你的容貌看上去比实际年龄小。这就是冻龄思维的价值。

23. 隔离思维：对未来最大的慷慨，是把一切都献给现在

存在主义文学大师阿尔贝·加缪曾说："对未来最大的慷慨，是把一切都献给现在。"

当我看到这句话的时候，心里是很认同的。不知道你发现没有，其实我们生活中的焦虑、恐惧、不快乐，大多都来自未来的不确定性。想想你现在正在担心、发愁的事，不管是工作、事业，还是婚姻、孩子，或者其他任何事情，几乎都是明天以后才可能发生的；尽管有些看似重要且紧急的问题还没有解决，但基本上都不影响你平安地度过今天。

出于对安全感的需求，人总是希望自己能掌控自己的人生，恨不得未来的所有事情都掌握在自己手中才踏实，否则就会浮想联翩。有一个很形象的比喻是这么说的，假设在你的前方有一片芳草地，中间与你间隔有一条一米宽的小路，你很容易就能走过去；如果路还是这条路，把路旁边的草地换成深不见底的悬崖，估计就没几个人敢走了。人生的道路

往往也是如此，只有在确保自己是安全的前提下，人才更有胆量往前走。然而在这个瞬息万变的时代，未来的不确定性是一种常态，能确定发生的事情反倒成了一种非常态，人能真正掌控的事情其实是很少的。很多时候，一个人之所以过得不幸福，往往是因为他在用今天的力量，来背负明天、后天，甚至大后天的重担。

有研究表明，人对未来的担心和焦虑绝大多数都没必要。有心理学家做过一项实验，他找来一些受试者，要求他们每周日的晚上把下周的烦恼写下来，放进一个箱子里，连续几周这么做之后，再让受试者打开箱子逐一检查每一项烦心事，结果他们担心和焦虑的事情90%都没有发生。有统计数据显示，人的忧虑有40%属于过去，50%属于未来，最多只有10%属于现在，而且这10%里面大多都不会发生。

既然忧虑没有用，那面对这个不确定的世界以及我们所无法掌控的人生，最好的应对策略就是：集中精力，面对今天。曾国藩有三句心法，叫作"<u>未来不迎，过往不恋，当下不乱</u>"。今天不好好过，那明天大概率也好不到哪儿去，你要真想有一个美好的明天，活在当下、过好今天就是你唯一的选择，因为世界上最有力量的东西，就是"此时此刻"。

当然，我所说的"过好今天"并不意味着今朝有酒今朝醉，只顾现在痛快，不管未来死活；"过好今天"不表示我们不该做长期的规划,"活在今天"的关键是不要为明天可能发生的"坏事情"过度担忧,如果明天这个"坏事情"真的来了,去积极面对就是了。

多年以前,加拿大医学家威廉·奥斯勒爵士为耶鲁大学的学生做过一次演讲,主题是《一种生活方式》。在演讲中,他讲述了自己第一次乘坐远洋客轮的经历。

有一天他和船长在客轮的甲板上聊天,甲板下面忽然传来了一阵尖锐刺耳的警报声,紧接着是奇怪的摩擦声和破碎声。船长对他说:"不要紧张,我们正在做安全演练,那是我们的水下隔离舱关闭的声音,也是我们这次安全演练最重要的部分。"船长进一步解释道:"船的底部是由很多个隔离舱组成的,这样就可以保证当水渗进一个隔离舱的时候,不会影响到船的其他部分,即使我们的船像泰坦尼克号一样撞上冰山,涌进来的水也只会充满那个破碎的隔离舱,而这艘船仍然会浮在水面上。"

奥斯勒爵士对学生们讲:其实你们每个人的身体构造都比那艘远洋客轮更加不可思议,你们的航程也比那艘客轮的航程更远、更长。我希望你们也可以学会像客轮隔离舱一样来对待自己的生活,把每一天都看作一个"隔离舱",今天的烦恼来了,就把它隔离在今天的舱里,而不要让它影响到明天,这将保证你们安全地行驶完这一生的航程。

其实，我们生命中的每一天都有两个按钮。<u>按下第一个按钮，会将已经过去的昨日关在门外</u>；<u>按下第二个按钮，会将未来，也就是尚未来到的明天挡在窗外，这样你的今天就安全了</u>。就这么反复操练，养成习惯，相信你必将收获更加自由、快乐、精彩的人生。

- 第四章 -

人生跃迁

> 荣誉只属于那些真正将自己置身于竞技场上的人。
> ——富兰克林·罗斯福

24. 余闲思维：穷人越来越穷，往往是因为没有余闲

为什么穷人越来越穷、富人越来越富？

这是一个被很多人关注和讨论的问题。其实对于这个问题很早就有学者做过深入的研究。哈佛大学的经济学教授赛德希尔和普林斯顿大学的心理学教授埃尔德，根据多年扶贫经历以及大量调查和实验得出了一些结论，颠覆了我们的认知。

贫穷的根源是没有余闲

多年以前，美国有一家医院，他们的手术失败率常年居高不下。为了改善这个状况，医院的高层想过很多办法，花费了大量财力物力，但一直都没什么效果。后来，他们就从外面请了一位顾问来帮他们解决这个问题。

这个顾问来到医院之后，简单了解了一下情况，立刻就

给出了建议,他说:"这个事很简单,你们不是有32间手术室吗,空出一间来,平时不要用,只用来应对那些紧急的突发性手术,问题就解决了。"

听到这个建议,院方当时就不干了,手术室本来就不够用,还要空出一间来闲置,这哪是解决问题,这不是火上浇油吗?这个顾问说你们可以先试一下,不行再改回来。在顾问的反复劝说之下,医院最终决定试试看。结果这一试不要紧,效果立竿见影,不仅接诊率上升了,手术的失误率也是肉眼可见地下降了。

为什么手术室少了一间,失误率反而降低了呢?

因为这个顾问发现,医院的手术总体上可以分为两种,一种是计划之内的、预料之中的手术;另一种是计划之外的、突发性手术。这家医院以前的做法是,计划之内的手术占用了所有手术资源,让手术室满负荷运转,在这种状态下一旦有更加紧急的、突发性手术进来,所有计划就全都被打乱了。为了保证进度,医生们免不了手忙脚乱、焦头烂额、加班加点、疲劳工作,使得做手术的效率变低、时间更长,最终陷入恶性循环。再好的医生也不是机器,在这种忙乱的工作状态下,时间久了,失误率上升是必然的事。

后来,当医院决定空出一间手术室专门应对那些紧急的突发性手术的时候,其他手术计划就可以按部就班地进行,不会受到影响,失误率也就随之降低。这里面最关键的区别就在于，有没有留出余闲的资源。

其实不只是医疗系统，任何系统的健康运转都要留出一定余量。比如，以前的磁带条上都会留出一截空白，这样才不容易被扯断；洗衣机里的衣服不能放得太满；一条马路的占有率超过 85%，发生堵车的概率就是 100%；等等。

懂得了这个道理，让我们再回到最初的问题，为什么穷人会越来越穷呢？我相信这个问题的原因一定是多方面的，不能一概而论，但赛德希尔和埃尔德两个人告诉我们，数据显示，<u>贫困群体中确实有一个普遍特征，那就是没有余闲</u>。

首先，是没有时间上的余闲。他们倾向于把时间排得满满的，给自己营造出一种很努力、很勤奋的感觉，实际上大部分的时间都在处理生活中的鸡毛蒜皮的小事，或者只为满足当下的需求而奔波，没时间学习、成长，没时间规划、思考，也没时间感受幸福；越是没时间做这些，那些琐碎的、没有长期价值的事就越多，最终陷入穷忙的状态中无法脱身。

其次，就是他们没有资金上的余闲。一旦遇到突发状况，就不得不透支信用卡，用过信用卡的人都知道这就是个无底洞，每个月刚发了钱就得还信用卡，如果还不上还有高额的利息，让人在经济上长期处于被动和窘迫状态。在现实生活中，往往越是穷人，就越喜欢借贷消费。

所以，在奋斗的路上，勤奋和努力固然很重要，但更重要的是要给生活留出余闲。美国哲学家梭罗曾说："一个人的富有程度，和他能舍弃之物的数量成正比。"

贫穷的根源是稀缺心态

我发现，对于那些长期陷入贫困状态的人来说，即使你给他一大笔钱，他运用钱财的方式也会使他的生活再次陷入困境。也就是说，长期贫困的根本原因并不是缺少资源，而是一种稀缺心态。

所谓稀缺心态，就是一种总是对资源感到匮乏的状态。不知道你在生活中有没有见过这样的人，他们的经济状况已经非常好了，有着花不完的钱，却总是在一些眼前的蝇头微利上锱铢必较；又或者和别人发生小矛盾、小摩擦的时候，本来没多大点事，非得花大量的时间把是非对错说清楚；等等。这些丢西瓜捡芝麻的表现都属于稀缺心态。这是一种心态上的贫困和匮乏，与有多少钱、有多少资源没关系。

稀缺心态至少会产生两个负面结果，第一个叫作"管窥效应"，顾名思义，就是当你通过一根管子去看东西的时候，你所能看到的只是管子里面那部分，外面有什么你都看不见，从而造成眼光的短浅和狭窄。

可以用一个思想实验来解释这个道理，如果我问你，什么东西是白色的？你可能会说出很多种，而如果我问你除了牛奶，还有哪些东西是白色的，你可能就说不出几个了。因为"牛奶"这个词会吸引你的注意力，从而抑制你的想法。

心理学研究表明，对一个事物过度关注，会抑制你的竞争意识。而人之所以会陷入长期贫困，多数情况下就是因为他们每天都在为琐碎的事疲于奔命，一天到晚想的都是怎么省钱，哪里有打折、有特价、有活动，如何才能省下时间多打一份工，没有时间和精力去做那些从长期来看最有价值的事。对此，巴菲特曾一针见血地指出："一旦你有了省钱的脑子，就不会有精力培养一个挣钱的脑袋，所以，你穷得很稳定！"

稀缺心态给人带来的第二个影响是，它会降低人的智商和认知能力。

有研究发现，人类大脑的带宽非常有限，平时最多只能同时关注七件事，再多就会超过大脑处理能力的极限，从而被大脑忽略。

有一个实验，实验人员把一群受试者分成两组，让他们去做一份测试题，要求第一组受试者做题之前什么都不想；第二组在做题之前，会对他们进行诱导，让他们想一想自己目前糟糕的经济状况，并让他们多关注自己缺乏的东西。

经过多次测试后的结果显示，第一组的分数要比第二组高很多，几乎是第二组的两倍。

穷人为什么感觉生活特别累？就是因为在琐事上权衡利弊的思维过程太多了，由此造成的认知负担，使他们平时会忽视一些很重要的事。

由此看来，一个人要想改变命运，除了当下付出努力之外，只要你的生活水平在温饱以上，就一定要抽出时间来想一想，从一生的长度来看，对自己真正重要的事到底是什么，最重要的事通常都不是最紧急的；同时，要保持好奇心，不断地去发现、尝试和探索人生新的可能性。

在扎克伯格家中的衣柜里，挂着一堆一样的衣服，对此，扎克伯格本人给出的回答是："我希望自己的生活尽量简单化，我不希望把时间浪费在无意义的选择上。"

25. 富人思维：被动资产比收入更重要

以前我读过一本书，叫作《富爸爸穷爸爸》，这是一本教你怎么成为富人的书，出版多年一直畅销不衰。这本书最大的亮点，是它解答了一个很多人都弄不明白的问题：在赚钱这件事上，穷人和富人的差距究竟在哪里，以及穷人怎样才能获得更多的财富？

书中告诉我们，对于这类问题，目前普遍存在两种错误的观念。

第一个错误观念是，以为有了高收入，就等于成为富人了。

高收入的确能保证你在当下过上一种衣食无忧、吃穿不愁的生活，但高收入并不代表你就是一个富有的人。相信你一定见过不少这样的人，他们收入不错，但总是缺钱，每月的工资一到账，除去必要的开支，还完信用卡，基本就不剩什么了。据说有一个从NBA退役的球星，因为在洗车房擦车的时候拒绝摘下总冠军的戒指而被解雇了。

所以高收入的人不等于富人。

第二个错误观念是，以为有了更多的存款，就等于成为富人了。

有的人认为，富人之所以拥有财富，是因为他们赶上了好风口，赚到第一桶金完成原始积累之后，再通过资本的力量获取更多的财富，其实这种认知也不完全对。有一位物理学家用计算机做过一个模拟实验，发现在经济规律充分发挥作用的环境下，如果把全社会的财富重新平均分配，一段时间之后，贫富差距依然会逐渐拉开；而且，有的穷人就算因为一时运气好而得到了很多财富，如继承遗产、中彩票等，过不了多久会再次回到贫困状态。

既然高收入和多存款都不能让你成为一个富人，那么人和人之间的贫富差距到底是如何形成的呢？穷人思维和富人思维对现金流的使用方式不同，富人善于购买资产，而穷人喜欢购买负债。这里的关键在于，到底什么是资产、什么是负债。看起来很值钱的东西，未必是资产，也可能是负债；有些东西看起来很像负债，但它可能是资产。

简单地说，所谓资产，就是在你购买之后，它能源源不断地给你带来更多收入的商品。比如，假设你在中国房地产市场爆发增长的年代购置了大量房产，你不仅能享受高额的增值收益，还能获得固定的房租收入，虽然每个月要还房贷，看起来像是一种负债，实际上却是高价值的资产。那什么是负债呢？所谓负债，就是在你购买之后，它会陆陆续续地给你带来更多支出的东西。也就是说，除非具有投资价值，你家里的高档汽车、名牌手表、奢侈品包包等都不是资产，而是负债。因为当你把一辆新车从 4S 店里开出来的那一刻，它就贬值了，后续你还得为它支付保养费、保险费、燃油费等；一根价值 400 美元的钛合金高尔夫球杆，开过球之后，它就会贬值到 150 美元，所以这些都是负债。

富人思维在花钱的时候有一种倾向，除了必要的生活支出，总是尽可能地购入资产而非负债；穷人思维一有钱就开始追求高品质的生活，购买高端消费品，不信你看大街上有多少手里拿着最新款苹果手机的小女生，其实她们一个月的收入也不过就几千块钱而已。富人思维不是不购买奢侈品或者高端消费品，而是他们会优先购买资产，再用这些资产所带来的收入进行高消费。我有个前同事，每次一有最新款手机、电脑等电子产品上市，他都会第一时间购买，周围的人都说他"烧包"，他却回应说，这些都是白送的。因为几年前他就重仓买入了头部互联网公司的股票，现在涨了不少，他所有的电子产品都是用投资赚来的钱购买的。真正的奢侈品，是对投资回报和资本积累的奖励。

通常，穷人思维普遍更看重当下的工资收入，力求找到一份薪水更高的工作，甚至同时打好几份工；富人思维会把关注的焦点放在如何买入高价值的资产上面，让资产帮自己赚钱，被动收入使富人越来越富。所以，要想成为富人，你需要不断地买入资产。那么，在日常生活中，哪些项目可以算得上资产呢？我为你盘点了一下，大概有以下几种。

🧠 房地产

虽然房产投资的时代已经过去了，但是海外市场以及一二线城市优质地段的住宅需求依然旺盛，还是有一定的投资空间的。

房产一般是用首付加贷款的方式买入，然后以租抵贷，通过房产增值来获得收益，用少量的资金撬动价值更高的资产。在这方面一个典型的案例就是麦当劳，表面上麦当劳做的是快餐生意，可实际上人家根本不靠这个赚钱，房地产才是他们真正的主业。麦当劳很重视每个分店的地理位置，用分店的加盟费来支付购买地皮的费用。随着分店越开越多，麦当劳现在已经是世界上最大的独立地产商。

但对于普通人来说，房地产的投资门槛是很高的，需要占用大量资金，而且不容易变现。

🧠 投资理财产品

股票、期货、虚拟货币、贵金属、债券、基金等都属于投资理财产品。但需要注意的是，投资和理财其实是两个不同的概念，严格来讲不能往一起放。

理财的目的通常是对抗通货膨胀，让资产保值，黄金、国债、基金、余额宝都属于理财产品，理财产品的年化收益率一般不会超过10%，否则风险就不可控了。购买理财产品最多让你的资产不贬值或者贬值的速度慢一些，但要想获得高收益、高利润是不现实的。

而投资的目的一般是为了获取高额收益，比如股票、期货、虚拟货币等。收益高的项目通常风险也大，属于专业选手的赛道，普通人如果没有经过专业训练最好别碰，搞不好不仅不会成为资产，还很有可能变成负债。

知识产权

知识产权属于虚拟资产，只要付出一次性劳动把东西作出来，就可以获得长期收益。比如图书、音乐以及艺术作品的版税、专利费、知识付费产品、App商城里的收费软件等。在移动互联网时代，知识产权的种类会越来越丰富，这也是大多数普通人相对比较容易获得的资产。

知识和智慧

如果你既没钱买房或者投资，也没有知识产权，那还有没有可以买入的资产呢？有的，你脑子里的知识和智慧就是你最宝贵的资产。投资自己并不需要很多资源，你只要花几十块钱买本书或者买一套性价比高的在线课程，每天花时间听一听、读一读，并在工作中积极进取、勤于思考、认真总结，就能获得。这类资产的特点是，增长趋势呈指数分布，投入之后短期内或许看不到收益，可一旦积累到一定程度，突破临界点，就会呈现井喷式增长，从而为你创造出巨大的价值或者巨额的财富。

富兰克林曾说:"知识的投资常有最好的利润。"

在秘鲁,有一位工作了45年的金矿工人,对寻找新的金矿总是充满信心,他说:"金矿到处都是,但大部分人因为没受过相关培训,所以发现不了它们。"机会总是留给有准备的人,这话还真是没错。即便是刚才提到的房地产、股票、知识产权等资产,也需要具有一定的知识和才智才能获得,不是光有钱就行。现在是资本极其丰富的时代,市面上并不缺钱,缺少的是能让财富发挥最大价值的智慧。

正如《富爸爸穷爸爸》中所讲:"上天赐予我们每个人两样伟大的礼物,分别是思想和时间。每一美元的钞票到了你的手中,你,且只有你,才有权决定它的用途。用它来享受,你就选择了贫困;而如果用它来投资于你的头脑,学习如何获取资产,富有将成为你的目标和你的未来。选择只能由你作出,每一天,面对每一美元,你都在作出让自己成为富人还是穷人的抉择。"

26. 唤物思维：具有足够强烈的渴望，是成功最重要的条件，没有之一

每逢过年过节，亲戚朋友之间发个微信彼此祝福一下是免不了的，在不断推陈出新的祝福语当中，有一个词可以说是经久不衰，每年都有人在用，这个词就是"心想事成"。"心想事成"真的是祝福吗？如果一个人真能想什么就有什么，要什么就来什么，这日子过得还有什么意思呢？还不得无聊死啊！如果所有人都能心想事成的话，那么这个世界早就乱套了。

虽然心之所愿的事不一定能成，可如果在你的内心深处对一件事没有足够强烈的渴望，骨子里对它没有迫切的需要，那么在大概率上这件事儿也成不了。简单来说就是，"心不想，事难成"。

"日本经营之圣"稻盛和夫根据自己多年的创业经验，总结出一条坚定的人生信念，叫作"心不唤物，物不至"，只有内心足够渴望实现的事情，才能被你召唤到成为现实的

射程之内。

稻盛和夫说，你要是真想做成一件事，唯一不可缺少的就是"强烈的愿望"。要在头脑中不断地告诉自己，我一定要这样，我必须要做到。其实当你想要做某件事的时候，产生这种愿望本身就是一个证据，证明你具备将这种愿望变成现实的潜在力量。

多年以前，稻盛和夫刚刚开始创业的时候，有一次去听松下公司的创始人松下幸之助的讲座，在讲座的过程中，松下幸之助讲了一种管理理念叫作"水库式经营"。他说一条河如果没有蓄水池，下大雨的时候就容易引发洪涝，遇到旱灾就会枯竭。经营企业也是同样的道理，经济好的时候一定要做好现金流的储备，以免萧条期来临时资金链断裂。当时现场有几百名中小企业主，听他这么一说，都开始低头议论，表示不满："这个道理我们都懂啊，我们来这儿就是想听该怎么建这个水库的，你只说建水库的重要性，这对于我们来说一点儿用都没有。"

在最后的提问环节，有个人干脆站起来直接问松下幸之助，您讲的水库式经营说起来容易，但我们都是小企业，平时的利润很少，根本就没有建水库的能力，不如您教教我们具体该怎么做吧。松下幸之助也很无奈，苦笑着摇摇头说："具体怎么做我也不知道，但一定要建水库，你必须得有这个决心。"此话一出，现场一片哗然，几乎所有人都对他的回答感到失望。只有一个人除外，这个人就是稻盛和夫。稻盛和夫不仅没有失望，而且听完之后感觉全身就像有电流经过一样，他一下就明白了松下幸之助到底在说什么。

其实松下幸之助的意思是，问题的关键不是方法，不是具体该怎么操作，而是你要充分认识到它的重要性。如果一件事对你来说足够重要，非常重要，你或早或晚一定会找到解决问题的办法。

平庸的人只谈方法论，厉害的人看重的却是价值观。

我们都知道，一年一度的高考每次都是各大媒体报道的热点，因为它太重要了，甚至能决定一个人的命运。在大多数普通人的眼里，这辈子想要咸鱼翻身，实现阶层跃迁，高考几乎是唯一的通道。然而，真实的状况跟我们想象的可不太一样，高考是很重要，但远没有重要到能决定你命运的地步。2009年，"中国校友会网"曾对自恢复高考32年以来，高考状元们的职业现状做过一次调查。结果发现，大部分高考状元离开校园之后虽然过得都不差，但也没比普通人好太多，他们在职业生涯中所取得的成就跟社会对他们的期望相比差得很远。无论是在政界、商界，还是在文艺界、教育界，高考状元成为行业翘楚和顶尖人才的概率都不高。

既然一个人的求学经历无法满足我们对未来的期待，那么决定命运最重要的因素究竟是什么呢？在回答这个问题之前，你要先理解一个概念——"均值回归"。

所谓"均值回归"，就是无论任何事物，在它的成长过程中都是或高或低、或好或坏的，但从长期来看，都会回到平均水平，最终它能成为什么、能达到什么程度，是由这个平均值的高低来决定的。

比如，你去参加马拉松，如果你的体能不是很出众的话，即使你在刚开始的时候跑得很快，后面一定会慢下来，最终你的成绩是由你的体能决定的，你的体能决定了你长跑速度的均值。再比如，有的人人生的高光时刻来得虽然很早，年少成名，但因为整体均值不高，所以就可能高开低走，变得越来越平庸；有的人别看前半生碌碌无为，可如果他人生的均值比较高，很有可能会大器晚成。我们在综艺节目上看到的很多神童，起步真的高，让你我这样的普通人望尘莫及，可后来却泯然众人矣，往往就是这个原因。

那么问题来了，人生均值的高低又是由什么决定的呢？怎样才能提高人生的均值水平呢？有研究表明，人生的均值跟你对自己的期望值基本是一致的。也就是说，在你的内心深处，你期望或者你认为自己该成为什么样的人，想要做成什么样的事，这些因素大概率决定了你人生的均值，它比你目前的真实状态更能决定你未来的命运。

比如，小米的创始人雷军在上大学的时候读了一本书，里面讲的都是硅谷早期的创业故事，这本书在雷军的心里点燃了一把创业之火，他激动得好几个晚上都睡不着，围着操场不停地转圈。从那时起，他就励志要成为一个伟大的创业者。

所以，无论做任何事情，强烈的愿望都是成功的母体，如果没有内心的感召，好的结果就不会如期而至。但是在理解这个观点的时候，有几个常见的误区是需要特别注意的。

第一，这并不属于"玄学"的范畴，也不是某种精神力量的结果，它是有心理学依据的。

当你很想做成一件事的时候，在你的潜意识里就会反复思考做成这件事的各种可能性，一遍又一遍地演练实现它的具体步骤，这个过程通常是在你大脑的后台运行的，平时你自己可能都感觉不到。一件事想得多了，就会变成行动，当你不断地思考，一次又一次地排除错误的逻辑和方法之后，成功之路就会在你眼前渐渐清晰起来。

第二，你的渴望要足够强烈，像那种"如果能怎么怎么样就好了"这一类的白日梦是不行的。

梦想每个人都有，为什么有的人只是想想，然后就洗洗睡了，晚上躺下千条路，早上起来走老路；有的人却能为理想付出极高的代价，直到成功为止呢？单从主观因素来说，最重要的原因不是后者比前者更勤奋或者意志力更强，而是他们的意愿更加强烈，强烈到足以改变行动。用稻盛和夫的话来说就是："要想实现目标，你必须得有非同寻常的强烈愿望，只要一天没实现就难受，从头到脚都充满着这种愿望。假如从你身上任何一处切开，流出来的不是血，而是这种愿望，这才是成功的原动力。"

第三，你要把最终目标聚焦在你能成为什么样的人，或者做成什么事上面，而不是只想要得到什么好处。

强烈的愿望之所以能成为现实，关键在于这个愿望不仅要利己，而且要利他，不光要爱己，更要爱人，这才符合天道，这才是宇宙的法则。

27. 迭代思维：失败不是因为没能力做好，而是总想一开始就能做得很好

19世纪末，有一个出生于德国的小男孩，特别笨，直到5岁的时候才学会说话，他的父母甚至怀疑他是不是智力有缺陷。在他刚刚学会说话的时候，他就被父母送进了学校。

有一天，老师给学生们布置了一个作业，让每个学生做一个手工。几天后要交作业的时候，班上每个同学都展示了自己的作品，可这个孩子一直不肯拿出来，最后在老师严厉的目光之下，他终于扭扭捏捏地从桌子下面拿出了自己的作业——一个用木头做的凳子。

老师接过来看了看，觉得这个东西实在是太丑了，于是就把凳子举起来问全班同学："你们认为世界上还有比这更丑的凳子吗？"此话一出，瞬间引起了哄堂大笑，但是这个孩子并没有在意大家的嘲笑，他对老师说："有的，有的。"他一边说着一边从桌子底下又拿出了一个凳子，说："这是

我昨天做的。"接着又拿出一个说:"这是我前天做的。"这两个凳子果然比他第一次拿出来的还要难看。

后来,小男孩长大了,他送给了人类三件礼物,分别是:狭义相对论、广义相对论、光的波粒二象性原理,他的名字叫作阿尔伯特·爱因斯坦。

法国哲学家阿贝尔·加缪曾说:"一切伟大的行动和思想,都有一个微不足道的开始。"这话也可以这样理解:几乎所有伟大的作品,最初看起来都像一堆垃圾。

特斯拉在生产第一款电动车的时候,甚至连自己的生产线都没有,车的整体设计还是从一个英国品牌那里买来的,以至于根本没法用一个合理的方式来安装电池,导致最终制造出来的汽车非常难看,就像背着一个炸弹跑在路上。后来特斯拉不仅完美地解决了这个问题,还发展成为世界电动汽车第一品牌,引领了整个行业的潮流和方向。

很多后来了不起的产品,都是从最初看起来不起眼,经过持续改进、不断修正和迭代之后进化而来的。很多时候我们干不成事儿,并不是没能力、缺资源,而是总想一开始就做到完美,否则就不做了。

有的人对自己的要求很高,要么不做,要做就做到最好,为避免丢人现眼,他们一定要把事情做得像模像样、尽善尽美之后,才好意思展示在大众面前。比如,单词量太少就不敢用英语对话;要等到有了一定的阅读量才开始写作;

产品功能必须足够完善才肯推向市场；等等。以高标准严格要求自己是没错的，但在你刚开始做一件事情的时候，迈出第一步远远要比做得好不好更加重要。完美主义会让你对工作结果总是不满意，使工作进度一拖再拖，从而错失很多机会；即使你在精心准备之后，终于拿出自认为满意的成果，一旦你发现和现实需求不一致，再想调整和修改时，你将会付出更大的代价。

正如硅谷最伟大的创业孵化器 YC 的创始人格雷厄姆所说："当你的产品发布出来的时候，你都没有明显地看出产品的缺陷，证明你发布这个产品的时间已经太晚了。"

无论是学习一项技能还是完成一项任务，在初期阶段你首先要做的就是心平气和地接受自己的糟糕和笨拙，尽快迈出第一步，把最初的成果，或者叫"最小可行产品"（MVP）展示在大众面前，以此来取得反馈；再根据用户反馈作出相应的调整，就算做错了，改进的成本也是很低的，这样就能以最小的代价、非致命的失败来不断修正和改进自己的产品或者技术。尽管每一次的版本看上去都没什么变化，但实际上每一次都比上一次更有进步。正所谓"草鞋没样，边打边像"，工匠精神并不是一开始就要追求完美，而是在不断改进、持续迭代的过程中走向卓越。

即使是一件不起眼的小事，在经过反复改进和迭代之后，也会给你带来意想不到的收获。我有个前同事，是一位马拉松长跑爱好者，各种比赛的奖牌拿到手软。可谁也不曾想到，此人曾是一个体重200多斤，上层楼都要喘一会儿的大胖子。他的马拉松之旅是从每天晚上坚持走500米开始的，为什么要从走路开始呢，因为跑不动，所以只能走。后来他从走变成跑，越跑越远，越跑越快。IBM公司最早是做磅秤起家的，公司的创始人也一定不会想到，通过不断改进产品，IBM公司竟然能成为世界上最大的计算机公司。

对此，吴伯凡老师说过一段很精彩的话："迭代思维既是一种世界观，也是一种方法论，它是我们在信息不充分、知识不充分的前提下所采取的行动。事实上人类总是在知识和信息都不充分的情况下采取行动，谁也不可能提前给你一张画好的人生路线图，让你照着去活。任何一段伟大的人生、一项伟大的事业都是一个摸索的过程，'摸着石头过河'，听起来不酷，却是最朴素也最有用的道理。"

28. 增量思维：别让你所拥有的，成为你的局限

我的一位朋友在一家世界 500 强企业里工作，平时公司里一有什么集体活动或者推出新产品，甚至领导喊了个什么口号，她都会发朋友圈。有一次，她在朋友圈里发了几张公司内部团建的照片，都是些同事一起吃吃喝喝、举杯庆祝的场面，这都很正常，可是她却留下了这样一句感言："We are a family, forever（我们永远是一家人）。"

这件看起来稀松平常的小事，反映出很多职场人都具有的一种心态，就是试图把自己的命运跟所在的组织或者平台永久性地绑在一起，甚至把平台所赋予的价值等同于自身的价值，把组织的力量当作自己的能力。其实无论你在一家多么优秀的企业里工作，也不管你此时此刻多受领导器重，公司也不是你的家；与同事的合作再亲密无间，彼此之间的关系也远远达不到家人的程度。

严格来说，一个团队更像是一支球队，球队只会让那些

能为赢得比赛作出贡献的人留下。当它不再需要你的时候，即使你曾经立下赫赫战功，奉献出了最宝贵的青春年华，到了该退役的时候也得退役。也就是说，你的价值永远取决于你未来的增量，而不是过去的存量。

所谓"存量"，就是你过去所创造的价值以及当下所拥有的资源，如你的工作、存款、人脉、技能等；"增量"则是你未来可能创造的新价值以及可能获得的新资源，如更好的工作、更多的存款、更优质的人脉、更高水平的技能等。

从某种意义上说，人的思维方式也可以分成两种：一种是"存量思维"，另一种是"增量思维"。

什么是"存量思维"呢？

存量思维有两个显著的特征：首先，就是永远把自己的价值建立在已经掌握的资源上，依赖甚至迷恋自己当下所拥有的一切，而且总是把注意力集中在自己会失去什么，而不是会得到什么。比如，只知道攒钱，却不懂得正确地花钱和投资；从学校毕业之后，觉得自己有了高学历，就再也没有认真读过几本书；企业在产品占领市场之后就停止了创新；等等。

其次，存量思维最常见的表现就是认为只要怎么怎么样就好了，只要拥有什么什么东西就好了，只要成为谁谁谁就好了。你所拥有的存量，也许能在短期内给你带来一定的生存优势，但它并不能给你未来，甚至还会限制你的发展和成长。

任何事情都有好的一面和不好的一面，占有太多资源也不例外，一个人占有的越多，被占有的也就越多。这个世界上从来就没有无成本的占有，你所占有的，同时也在占有你。

很多人经常说，你看某人拥有亿万身家，即使什么都不干，存的钱几辈子也用不完。真的是这样吗？实际上，就算这些钱他真的几辈子都用不完，也是因为他有持续创造财富的能力，而并非单纯依靠存款。因为财富的意义在于让人做有价值的事，而不是存起来用于享乐。钱的属性就是用来增值，如果你没有能力让它以该有的效率增长，它就会以你意想不到的方式离开你。正如调查研究发现，很多中了大奖的穷人，在风光几年之后依然会回到贫困的状态。

多年以前，我第一次离开家去外地上学，打包行李的时候，老妈往我箱子里塞了几条新毛巾，跟我说以后缺毛巾、床单之类的东西，别在外面买，从家里拿就行了，这些年家里存了好多。后来我带去的毛巾在我第一次水洗的时候就洗破了，因为存放的时间太长了。从那一刻起我就知道，仅靠存量是难以安身立命的。

哈佛大学的克里斯坦森教授说过："大企业的衰败并非源于管理不善，而是因为他们过于依赖自己已有的优势。"

要想不受存量思维的限制，你就必须培养增量思维。增量思维是一种能够使你不断拓展人生的新边界，从而持续成长和进化的思维方式。具有增量思维的人，会把着眼点放在未来，而不是现在，他们看重的是我将会成为谁，而不是我已经拥有什么。比如，在微软公司最鼎盛的时期，比尔·盖茨就曾断言："微软离倒闭永远只有半年时间。"任正非也说过："生存，永远是华为的第一目标。"这种危机意识，就是增量思维的一种体现。除此之外，<u>增量思维更高级的表现，是主动用存量来换取增量</u>。

2017年上映的《战狼2》着实让吴京火了一把，有评论说《战狼2》之所以大卖，靠的并不是吴京的个人能力，而是影片的主题彻底点燃了大众的爱国热情。不可否认，虽然确实有这方面的因素，但这并不能掩盖吴京的个人能力，否则另一个问题就出来了：为什么点燃大众热情的不是别人，偏偏是吴京呢？

如果你知道《战狼2》拍摄前的故事，答案就很清楚了。吴京为了筹备这部电影，整整7年都没怎么接其他的戏，还专门用了两年时间到特种部队去体验生活，就是想要更好地融入角色。后来因为拍电影钱不够，他把房子都抵押了。

我相信作为一个著名演员，吴京一定还有很多其他选择，没必要非得冒这个险、受这份罪。但是在存量和增量之间，他选择了增量，面对媒体，吴京坦言："我不怕从头开始。"

当《战狼2》的票房在不断刷新历史纪录的时候，有记者问吴京，现在你给这部电影打多少分？吴京的回答是："零分。"为什么打零分呢？吴京说："如果你在电影杀青之前问我这个问题,我可能会打满分,因为我已经尽了最大的努力,但从杀青那一刻开始,无论未来票房高低,它对我来说都已经是过去的事了,所以是'零分'。"

从这些话当中我们可以知道,其实吴京看得很透彻,《战狼2》带给他最大的回报,并不是几十亿的票房,而是他在整个拍摄的过程中所得到的体验和成长。

存量就像一个蓄水池,只有不断地注入增量让水流动起来,它才会充满生机、清亮透彻,否则就会成为死水。拥有资源并不代表拥有未来,未来只属于那些善于利用资源的人。因此,我们应该尽可能地培养增量思维,避免存量思维。

那具体该怎么做呢?

英特尔公司曾是世界上最大的存储器制造商,从1968年起,公司的主要利润都来自存储器业务。直到20世纪80年代初期,日本存储器市场崛起,使得英特尔公司连续6个季度业绩下滑。在这种情况下,如果再没有起色,当时担任公司总裁的安迪·格鲁夫以及首席执行官戈登·摩尔(摩尔定律的提出者)可能都要下台,而英特尔也很有可能将从此走向衰落。

有一天,安迪·格鲁夫在会议结束之后问摩尔:"如果我们下台了,你认为新进来的那些家伙会采取什么行动?"

摩尔犹豫了一下,说:"他们肯定会彻底放弃存储器的生意,转去做处理器。"

这时，格鲁夫死死地盯着摩尔说："既然是这样，那我们为什么不自己动手呢？"

后面的故事你都知道了——英特尔公司现在是全球最大的微处理器生产商。

培养增量思维，就是要不断地倒逼自己："如果现在我一无所有了，那我该做些什么呢？"正如乔布斯所说："假装自己一无所知。"

29. 破局思维：人生如一盘棋，三招助你破除死局

生活中，我们对"局"这个概念一定不会陌生，如"格局""饭局""棋局"等。那到底什么是"局"呢？

所谓"局"，就是你跟身边的各种资源之间相互作用、相互关联的状态。

无论是人类社会的发展路径，还是每个人的生命轨迹，其实都是一个不断"做局"再不断"破局"的过程。也就是说，当你处于各种各样的困局当中，你需要做的，就是解决问题，达成目标，破局而出。

破局，本质上就是通过对已有资源的调整、配置，改变相互之间的关系，让自己在艰难处境当中有路可走。

只可惜做局是常有的，破局却是不容易的，如果举措失当还会落入僵局和死局当中。要想重新整合身边的资源以摆脱困境，需要极高的智慧。

以下三招教你破局。

使用无关资源

当现有资源不足以解决问题的时候,你要寻找那些已经存在但之前没有使用过的资源,将其与现有资源进行整合,或许你就能找到新的出路。

7-11(Seven-Eleven)是一家来自日本的零售业巨头,也是全球最大的连锁便利店集团。他们的优势是,全年365天24小时营业;按人群密集度来开店,为的是最大限度地接触到客户;在库存、物流以及供应链等方面,有着丰富的管理经验。

2000年的时候,便利店市场的竞争空前激烈,7-11必须在业务上寻找新的出路。在综合考虑了各种因素之后,7-11决定把ATM机引入每一家店铺里面,这样既方便用户取钱,又能增加客流量。

由于7-11店内的ATM机发生故障的概率很低,服务效率高,越来越多的人会在存取现金的时候立刻想到找一家7-11便利店,而不是去银行。随着这项业务的体量越来越大,7-11总部还专门为此成立了一家银行,叫作"7银行",该银行于2008年成功上市。自从引入了这项新业务,7-11的盈利率一度达到了30%,而当时即便是位于东京最繁华地段的百货公司,盈利率最多也不过才4%。

办法总比困难多,有很多看似与当前环境无关的资源,如果善加利用、充分整合，或许会产生意想不到的效果。

🧠 寻找新破局点

在人生旅途当中，当你陷入僵局而无法前行的时候，往往并不是真的无路可走，而是你被眼前的困境蒙蔽了双眼，正所谓一叶障目，不见泰山。一旦你能从眼前的境况当中抽身出来，着眼于更大的地图，或许你就能找到新的破局点。

公元207年，刘备在中原闯荡了20多年，先后投奔过很多人，如曹操、袁绍、刘表等，可一直都混得不太好。当时的刘备已经46岁，眼看这辈子就这么过去了，然而命运让他遇见了诸葛亮。

诸葛亮给他的建议是，离开群雄逐鹿的中原，去夺取竞争不那么激烈的荆州和益州，然后再以荆州和益州为根据地对抗中原。因为中原地区繁华富庶，与当时最强盛的两股势力——曹操和孙权相比，刘备的实力太弱，不可能有机会。

刘备听取了诸葛亮的建议，在荆州和益州逐渐发展壮大，最终和曹操、孙权成鼎足之势，三分天下。

这段典故，在历史上被称为"隆中对"。

无独有偶，乔布斯曾一度被董事会赶出了苹果公司。1996年，苹果公司经营不善，乔布斯再次临危受命回归苹果。

当时的苹果公司就跟刘备迷恋中原一样，只顾着在个人电脑领域跟竞争对手死磕，光 Mac 电脑系列就有几十个版本，可没有一个版本是成功的。

乔布斯回归苹果公司之后的第一个动作，就是砍掉了 90% 的产品线，然而他真正的神来之笔并非只是减少产品的品类，而是突然转行去做 MP3 音乐播放器。

2001 年的时候，苹果公司推出了 iPad，大获成功，并逐渐建立起了苹果产品的品牌形象。在此基础上，苹果公司又于 2007 年推出了 iPhone，让整个手机行业彻底洗牌。

很多时候我们找不到出路，不是因为没有目标、缺少资源，也不是没有能力、不够勤奋，而是因为没有看到更大的地图。

先分解再重组

也许你手上并不缺少资源，但这些资源无法帮助你解决当下面临的难题。这个时候，你可以对资源进行重新配置，先拆分，化整为零，然后再以另一种方式将它们重新组合，这样你可能就会找到解决方案了。

沃尔玛刚刚创立的时候，美国的零售业市场基本上已经完成布局。当时业内有一个共识，就是大型商场或者超市一定要开在 10 万人以上规模的城镇，否则就会出现销量太低、成本太高的情况，是不可能盈利的。可当时 10 万人以上的城镇，都已经被几个大型百货公司占据，竞争非常激烈。如果刚成立不久的沃尔玛也来争夺这片市场,是没有任何机会的。

面对这样的困局,沃尔玛选择逆势而为,把目标投向了人数更少的城镇。这些城镇多则三五万人,少则一两万人,正常来说,在这里开店都是亏本生意。

然而,沃尔玛采用了一个很聪明的策略,利用当时已经成熟的卫星技术,将每一个单店的条形码系统、物流系统以及库存系统联结起来,形成了一个按区域划分的商店网络,让多个单店之间能够即时联络、共享信息、统一调度,并在物流和仓储上也使用了相同的技术。这一举措不仅大幅提高了运输效率,还降低了经营成本,看似分散在各个小镇的多个店铺,本质上相当于开在一个大城镇的大店铺,这样反而取得了竞争优势。可以说,沃尔玛能有今天的规模,很大程度上要归功于这一决策。

当你处在困局当中的时候,不妨静下心来,审时度势、变换视角,你所需要的资源没准已经在你的身边了,你所要做的就是用智慧的眼光和积极的心态去探索和发掘。你要知道在每个死胡同的尽头,都有另一片天空,你要做的是在无路可走的时候腾空而起,去创造奇迹。

30. 概率思维：在未来不确定的情况下，如何作出最优决策

我们每个人的一生都是由无数个大大小小的选择所决定的，每一个选择都是对未来的一种投资行为，你目前的生活状态其实就是过去一连串的选择叠加起来所产生的结果。

作出选择和决策有的时候很容易，有的时候却很难，之所以难，是因为我们不知道该怎么去权衡利益和风险。在面对一个既有诱惑又有风险的选项时，我们该如何作出判断和取舍，才能使自身的利益最大化呢？这就是接下来我们要解决的问题。

前些年，我所在的城市出了一项政策，低端产业将就地升级改造，批发集散的业态要向外转移。我有个朋友一直在建材市场开店做建筑用料生意，因为市场将要被拆除，他需要重新寻找店面。有一次我们一起喝茶聊天，他跟我说，最近有个事儿让他很纠结，进退两难。

什么事儿呢？因为这个朋友并不打算离开市区，他决定

在附近的一个管理比较规范的建材大厦里找个地方继续开店，这个大厦是新盖的，目前租户不多，店面选择的余地也比较大。可问题是，这个大厦以后客流量大还是小、未来生意怎么样，现在很难预料，至少要等几个月之后才能看出形势。要是租大店面，以后生意不好，租金成本就会很高；倘若租小店面的话，万一以后这地方火了，到时再想扩大，估计好位置早都被人占完了。他问我对这事怎么看。我给他的建议是，租大一点的店面。

其实，对建材这一行我并不熟悉，甚至连了解都谈不上，更做不到未卜先知，那为什么我一个外行要给他这样的建议呢？因为我知道虽然不同的人所遇到的问题是多种多样、各不相同的，但作选择、作决策的科学方法是固定不变且普遍适用的。对待这一类问题，我经常采用期望值理论所蕴含的解决方法。

什么是"期望值理论"呢？

喻颖正老师在他的著作《人生算法》一书中讲过一个思想实验：

假设在你面前有一个红色按钮和一个绿色按钮，按下红色按钮，你将获得100万美元；按下绿色按钮，你有50%的概率获得1亿美元，也有50%的可能什么都得不到，并且你只有一次按下按钮的机会。要是你，你会按下哪一个按钮呢？

相信大多数人都会选择按下红色按钮，因为人普遍都有一种降低损失的心理，和1亿美元相比，100万美元并不算多，可好歹也是一笔飞来横财；虽然按下绿色按钮有一半的机会能获得1亿美元，但从概率上来看无异于一场豪赌，搞不好就会一无所获。

那最好的选择是什么呢？其实是按下绿色按钮，因为绿色按钮的期望价值 =1亿美元 ×50%+0×50%=5000万美元。

从表面来看，按下绿色按钮的收益是不确定的，要么拿走1亿美元，要么空手而归，但你只要改变一下操作手法，就可以让它的收益由不确定变成确定的。

比如，你可以把这种有一半概率能获得1亿美元的机会以1000万美元的价格卖给别人。虽然你不愿意冒险，但一定有人愿意，这样你能获得的收益是按下红色按钮的10倍。

再比如，以100万美元的价格将按下绿色按钮的权利卖出去，并要求如果买家中了1亿美元，要分给你50%，没中就算了。这样，即使对方没中，你至少也有100万的保底收入，这和按下红色按钮的收益是一样的。

第三种方案，你可以把对赌权切碎了卖掉，发行彩票，2块钱一张，印1亿张，谁中奖了谁就拥有按下绿色按钮的权利，最终你将会获得2亿美元的收入。除此之外，还有更多更好的方法将你的对赌权变现，在此就不一一列举了。

结论就是，根据期望值理论（期望值 = 选项1× 选项

1的概率＋选项2×选项2的概率＋……），有50%的概率得到1亿美元，和100%的概率能得到5000万美元，本质上是一回事。

虽然这只是一个假设性游戏，但这个思想实验对于我们在日常生活中进行科学决策，有着重大的指导意义。

这个实验告诉我们，<u>如果在你面前有若干选项，一定要选择期望值最高的那一个</u>。红色按钮的期望值=100万美元×100%=100万美元，绿色按钮的期望值=1亿美元×50%+0×50%=5000万美元，所以最优选项是按下绿色按钮。

那如果你听了我的建议，按下了绿色按钮，结果赌输了怎么办，岂不是一分钱都拿不到？没关系，只要你坚持在人生中每一次做选择的时候都采用这个策略，选择那个期望值高的选项，这样即使你偶尔会输，但只要你做选择的次数足够多，那么总体来看，收益回报率一定是最高的。就好比你往天上抛硬币，也许前5次落在地上之后都是反面朝上，但随着你抛硬币的次数不断增加，正面以及反面朝上的占比都会越来越接近50%，因为抛硬币正面朝上的期望值就是50%。总而言之就一句话，结果可以错，方法不能错；输球可以，但不能输了路子。好的决策不是让当下或者一段时期内实现收益最大化，而是要让一生的总收益最大化。

到此为止，这个决策方法虽然在理论上是成立的，但还不足以指导实践，因为还有一个问题没有解决。在刚才的思想实验里，按下绿色按钮之后是获得1亿美元还是一分钱都拿不到，它们概率是确定的，都是50%。然而在现实生活中，很难确定每个选项的概率是多少。就拿刚才我那个朋友的例子来说，租小店面收益少、风险小，租大店面收益高、风险大，但是这两个选项的风险和概率各自是多少并没有具体的数字，没法算期望值，这时候该怎么办呢？

对于风险大、收益高的选项，如果你能接受最坏的结果，那就选它，否则就选择风险小的那一个。比如，我之所以建议他租个大一点的店面，是因为最坏的结果也不过就是一年损失几万块钱，这个结果是可以承受的，而一旦生意好的话，收入是上不封顶的，总体期望值一定大于零；相反，如果我的朋友问我，该不该变卖所有资产去搞互联网创业，那我一定会阻止他，因为一旦失败，结果是他无法承受的。

即使创业成功的概率很低，很多风险投资机构还是会拿出几百上千万，甚至过亿的资金投给创业者，这也是期望值理论在起作用。投资人会根据自己的行业经验对创业公司未来成败的期望值作出判断，就算投了10次失败了9次，但只要有一家创业公司成功上市，投出去的钱就有可能会全都赚回来。

扎克伯格创办Facebook不久，曾有人用1000万美元收购他的公司，被他拒绝了；两年后雅虎出资10亿美元收购，他依然被拒了；后来扎克伯格还有过很多次只要卖掉公司就能大发横财的机会，可他都选择了放弃。又过了几年，另一家独角兽级别的创业公司 Snapchat 几乎以同样的态度拒绝了 Facebook 出价 30 亿美元的收购邀约。这些创始人做决策的依据，以及在金钱面前毫不动摇的"气节"，从根本上都是源于期望值理论。由此看来，<u>凡是能做成大事业的，都是具有一定冒险精神并且在概率权上拎得清的人</u>。

对于大多数普通人来说，人生旅程的脚步迈不开，事业上难以突破局限，很大程度上就是因为在眼前的利益上算计得太精明。比如，本来有实力考上研究生，怕万一考不上耽误找工作而选择放弃；为了避免在工作上出错，从来不敢主动迎接新的挑战；想开展自己的事业，又舍不得放弃现在稳定的收入；等等。其实做高风险、高难度的事所带来的回报，是那些看起来简单而稳妥的事所不能比的。

海尔集团总裁张瑞敏说："如果一件事情有 50% 的把握，我就会去做，因为有暴利可图；如果有 80% 的把握才开始做，最多只能得到平均利润；如果有 100% 的把握才去做，一定亏损。"

诺贝尔奖得主丁肇中教授说："所有重要的物理学实验，在开始的时候成功的概率都不到 1%，然而再小的希望也是希望，只要它不是零，就应该去做，如果因为希望小就不做了，今天就不会有那么多划时代的物理学发现。"

古人常说，凡事"预则立，不预则废"，意思是，凡事都要做好准备才能取得成功，否则就一定会失败，但请注意这里所说的做好准备的目的不是为了规避所有的风险，而是为了防范那些我们所无法承受的如人身安全、生活保障、战争胜败、国家存亡等风险。

凡事做好准备，对过去的人来说是一种常态，但今时不同往日了，根据社会学家贝克提出的观点，从微观上来看，随着社会的发展，每个人所面临的生存风险将会越来越小。在 20 世纪七八十年代，你一旦失业，几乎就等同于灭顶之灾，而现在呢，只要你有能力，海阔凭鱼跃，天高任鸟飞。

正如富兰克林·罗斯福所说："荣誉只属于那些真正将自己置身于竞技场上的人。"在现如今的时代，如果你不敢承担任何风险，就是在不断地放弃机会，让自己本来就微薄的资源去补贴那些未来的"成功者"。

31. 多元思维：突破人生瓶颈，你需要建立多元思维模型

如今，人类正面临一个快速变化且空前复杂的世界，而我们与这个世界最大的矛盾，就是总想用简单的思维方式来解决复杂的问题。

假如有人问你，要想在某个领域取得卓越的成就，或者成为行业内的顶尖高手，最重要的因素或者条件是什么呢？

答案耳熟能详，那就是——专注，就连比尔·盖茨和巴菲特也都是这么说的。据说有一次，比尔·盖茨的父亲邀请比尔·盖茨和巴菲特一起到家里吃晚饭。他跟这两个人玩了一个游戏，让他们分别在手上写一个对自己的事业影响最大的词，各写各的不许商量，结果两个人的答案竟然完全一致，都是"专注"。

没错，专注的确很重要，它是做好任何事情最重要的先决条件。可很多人对"专注"有一个错误的理解，以为"专注"就是"单一"，就是简单地窄化。比如，他们认为想成

为一流的经济学家，就只学经济方面的知识，其他书根本不用看；想成为编程高手，整天跟电脑打交道就够了，不需要其他技能；想成为艺术家，只要才艺好就行，文化课根本不重要；等等。这样做在初期阶段或许能取得不错的成绩，但从长期来看，往往会让人思维固化，遇到难以跨越的瓶颈。

其实专注并不是简单地把时间和精力聚焦在一个非常狭窄的赛道上，巴菲特一辈子专注于投资事业，但绝不是只学习投资方面的知识，他几乎所有领域的书都读。

巴菲特的老搭档查理·芒格曾说："研究人性的心理学表明，单一的思维模式会让你在面对问题的时候扭曲现实，直到它符合你的思维模型，或者至少到你认为它符合你的模型为止。"马克·吐温对这一类现象的表述更加形象，他说："手里拿着锤子的人，看什么都像钉子。"这也是那些所谓"专家"经常犯的错误，无论遇到任何问题，他们都会本能地使用自己专业领域的思维模式去解决问题，从而形成"专业偏见"，资历越深，就越容易盲目自大。有句话说得好："如果你只懂营销，就说明你不懂营销；如果你只懂一个领域，说明你并没有真正弄懂这个领域。"

那怎样才能避免成为"拿着锤子的人"呢？

目前最具权威的解决方案是由查理·芒格提出来的，他说："你必须把你的经验悬挂在头脑中的一个由许多思维模型组成的框架上，所以你必须拥有许多学科的思维模型，也就是多元思维模型。"

多元思维模型如果用好了，效果会相当惊人。

2001年，美国的一家知名制药企业——礼来公司，为了解决医药行业的技术难题，创办了一个网站。任何医药企业都可以把自己公司在研发过程中遇到的难题发布在这个网站上，并以众包的方式向全世界的高手征集答案。网站上所有的问题都是对外开放的，任何人只要注册账号就能看到这些问题，并可以提出解决方案。一旦你的方案被采纳，你就能拿到一笔高额的奖金。该网站上线之后没多久，就聚集了很多活跃用户。截至2005年，这个网站总共吸引了来自170个国家的8万多名不同年龄、不同阶层、不同背景的用户。

发布在网站上的问题都不是简单的小问题，而是那种连业内的专家都束手无策的技术难题。当时的数据显示，网络上大概有三分之一的问题得到了解决，并且呈现出了一个规律：解决问题的人越是来自和问题本身并不相关的领域，这个问题被解决的可能性就越大。比如，一个物理学家、一个化学家和一个分子生物学家共同来解决某个难题，就比三个化学家更容易成功。

在全世界范围内，很多学者都研究过"个人以及组织如何取得重大突破"这个问题。有统计发现，不同领域的人针对这个问题给出的答案基本一致，那就是要同时掌握多种不同的思维方式。

人类的科技发展，在很大程度上也是由多元思维模型推动的。爱因斯坦将空间和时间概念相结合，提出了相对论；哥白尼将天文学与物理学相结合，提出了日心说；拥有化学和物理学博士学位的学者克里克，若不是遇到了动物学博士沃森的话，DNA 分子结构到现在能否被解开还可能是个问题；马丁·艾伯哈德若不是一个喜欢跑车的环保主义者，也就不会有现在的特斯拉电动车。诸如此类，比比皆是，很多伟大的创新都是在不同的思维方式相互碰撞的过程中产生的。

既然多元思维模型如此重要，那么，普通人怎样才能培养出多元思维模型呢？在此给你以下三个建议。

第一，只学各个学科的基础理论。

说到多元思维模型，也许有人会质疑，学好一个学科就得好几年，我们哪有时间学那么多？其实建立多元思维模型并不是让你学会各个领域的全部知识，你只要掌握每个学科的基础理论和思维方式就可以了，也就是通识的部分，所以难度并不是特别大。查理·芒格说："你只要掌握八九十个模型，你就可以成为拥有智慧的人，而在这八九十个模型里面，非常重要的也就那么几个。"

第二，先求精，再求广。

多元思维模型，最好是建立在对一两门学科足够精深的基础之上。当你在一个领域深耕了很多年，遇到瓶颈或者很难再有突破和进展的时候，再去搭建跨领域、跨学科的思维模型，往往会取得更好的效果。华人物理学家张首晟教授在一次公开课上讲过，他每次在飞机上都会听一门完全陌生领域的课程，由于知识之间都是有关联的，新学到的知识很容易就被纳入原有的知识体系当中。你涉足的领域越多、知识面越广，学习新知识的速度就越快，这是一种非常幸福的体验。

第三，问题导向，而不是学科导向。

斯坦福大学有一位教授名叫马奇，他既是商学院的教授，又是社会学教授，还是教育学和政治学教授，因此马奇有一个称号——"一切学问的教授"。曾有人问他是怎么做到的，马奇说自己的兴趣领域其实很狭窄，多数时间都只是对几个问题感兴趣，比如，人是怎么做决策的，如何建立学习型组织，等等。可要想把这些问题搞清楚，就必须精通很多学科。

如果以学科为导向，一门一门地啃，不是不可以，但对于多数人来说，如果没有外界的督促和反馈是很难坚持下去的。更好的办法，就是选择一个跟你的工作或者兴趣相关的课题，成为这个课题的专家，因为一个课题通常会涉及很多领域，一旦你成为这方面的专业人士、行家里手，自然也就学会了多个领域、不同类型的思维方式，从而建立起多元思维模型。

— **Mental Models** —

loading
⋮

- 第五章 -

个人品牌

> 建立品牌最重要的不是我比竞争对手好在哪里,而是我在哪个方面能做到第一。
>
> ——杰克·特劳特

32. 头部思维：互联网时代，如何打造个人 IP 和个人品牌

1897 年，意大利经济学家帕累托在对 19 世纪英国人的财富与收益模式的调查取样当中，发现了一个规律：大部分的财富和社会影响力来自占总人口 20% 的上层社会精英，并因此提出了一个社会学概念，即"帕累托法则"，又叫"二八定律"。后来他还发现，几乎所有的经济活动都服从帕累托法则，呈现出一种幂律分布。

简单来说，在任何一个领域中，大部分资源都被排名前几位的组织或者个人占有，而且越是排名靠前，占有资源的比重就越大。通常，第一名与第二名的差距，会远大于第二名与第三名的差距，而第二名与第三名的差距又远大于第三名与第四名的差距，以此类推。在日常生活当中，最能体现帕累托法则的就是品牌的头部效应。

什么是品牌的头部效应？

心理学上有个概念，叫作心智空间。对于同一类产品或

者服务，我们的心里通常只能容纳1～2个头部品牌，当你的心智空间一旦被某个品牌占据，其他品牌就很难再挤进来了。比如，当你爱上一个人之后，其他人再怎么向你献殷勤，你也很难动心；早上醒来你打开的第一个手机App，一定是微信或者抖音；想查个什么东西，第一反应就是上网"百度"一下，尽管搜狗和360的搜索引擎做得也不错，你却很少使用；世界上能叫得上名字的高峰，永远是珠穆朗玛峰，虽然排名第二的乔戈里峰只比珠穆朗玛峰矮了233米，也仍然难以在人们的记忆中占有一席之地。据统计，头部品牌至少能吸引40%的注意力，第二名大概是20%，第三名不到10%，剩下的总共占30%。

头部效应的好处在于，它能让品牌在其所属的行业中占据领先的位置，从而产生更大的影响力以及高额的溢价。即使是很微弱的优势，在马太效应的加持下，也会不断地带来正反馈，最终形成赢家通吃的局面。就好比将麦克风对准音响，就算很小的音量也会产生巨大的响声。这就是为什么行业排名第一的企业所生产的产品很容易获得用户的认可，而一个不知名的公司生产的同类产品即使质量更好、价格更便宜，大家也不买账。

在某种意义上，<u>做人和做产品并没有本质区别，我们每个人也都在自觉或者不自觉地建立自己的个人品牌</u>。在移动互联网时代，个体价值被充分放大，任何一个普通人都可能通过建立个人品牌而成为万物互联时代的超级节点、超级个体。那怎样才能算得上是一个成功的个人品牌呢?

和其他品牌一样,个人品牌的本质,也是抢占用户的心智空间,只要别人一有某种需求,就能第一时间想到你,那么你的个人品牌基本就算建立起来了。比如,在职场当中,获得最大利益的人,往往不是能力最强的,也不是工作最努力的,而是那种特征鲜明、在自己的优势领域做到头部的人。这种人身上有一个隐藏的标签,让大家总能在某个情境中想起他,这就是个人品牌的力量。

具体来说,要想打造一个成功的个人品牌,至少要做到以下三点。

差异化

建立个人品牌的第一个原则是,你要找到一条属于自己的赛道。通常情况下,当你进入某个领域之后,你会发现这条赛道的头部位置早就被人占了,很难超越。不过没关系,你要做的并不是超过他,而是找到你们之间的差异以及自己的独特优势,在自己最鲜明、最突出的点上持续发力,做到头部。

海拔5895米的乞力马扎罗山,是非洲第一高峰,单就高度来说,它是很难跟珠穆朗玛峰相比的,但它的气候条件比珠穆朗玛峰好得多,更适合攀登。聪明的非洲人凭借这一点,为乞力马扎罗山打造了一个特殊的名号,称它为"人类可徒步登顶的最高峰"。虽然海拔更高的山峰还有很多,但人们必须要借助冰镐、挂锁、缆绳等专用设备才有可能登顶，而乞力马扎罗山是人们徒步就能登顶的山峰中最高的。这个独特的定位让乞力马扎罗山声名鹊起，成为世界各国登山爱好者的云集之地。

结合乞力马扎罗的案例，我想请你思考一个问题，假设让你开一家汉堡店，目标是在肯德基和麦当劳已经占尽优势的市场中开辟一块属于自己的领地，你会怎么做呢？

美国快餐界的新贵 Shake Shack 交出了一份满分答卷，Shake Shack 中文名叫"昔客堡"，他们的主打产品同样是汉堡、薯条和奶昔，这和肯德基、麦当劳没什么区别。但是，昔客堡的特色在于，他们的牛肉汉堡采用的是 100% 无抗生素的安格斯牛肉；生菜用的是大棚里出产的有机蔬菜；冰激凌和牛奶用的也是绿色有机食材。此外，他们还聘请了世界顶级设计师对装修风格和餐厅的氛围进行了专门设计。很明显，这家快餐品牌走的是强调健康、重视体验、引领潮流的高端路线，定位于正餐和快餐之间，主打年轻人群体。昔客堡于 2015 年上市，虽然在规模、体量和品牌知名度上还不能与麦当劳、肯德基相提并论，但在健康快餐领域，它无疑是全世界的领跑者。

定位理论之父杰克·特劳特曾说："<u>建立品牌最重要的不是我比竞争对手好在哪里，而是我在哪个方面能做到第一。</u>"

对于个人来说也是如此，如果你不能成为技术最好的程序员，那你可以提高自己的沟通和表达能力，成为最能与客户交流、擅长跨部门协作的程序员；如果你不是最爱说话的销售，那你可以成为最懂产品的销售。类似的还有讲课风格最通俗有趣的老师和具备数据分析能力的财务人员等。总之，<u>不怕你做不好，就怕你没特点</u>。

🧠 标签化

建立个人品牌的第二个原则是，要让品牌要素保持单一、纯粹和标签化，让人瞬间联想、瞬间认知，当别人一看到、一听到你的品牌名字的时候，就能马上想到一种品质。比如，王老吉不过是一种饮料而已，可人们对它的第一反应是夏天能去火的"凉茶"；一说起沃尔沃，人们马上就能想到"安全"，尽管它还有很多其他汽车品牌都具备的优势，但它并不会刻意地去凸显那些优势，而是始终围绕着"安全"来做文章。

要实现品牌的标签化，就要在它最鲜明的品质上保持专注，如果什么都想要，那么就可能什么都得不到。

在家电领域，格力电器自始至终都专注于空调这一种产品的研发、生产和销售。格力自成立起就以"一个没有创新的企业是一个没有灵魂的企业"为座右铭，致力于技术创新，把掌握空调的核心技术作为企业立足之本。格力电器投入大量人力、物力、财力，建成了行业内独一无二的技术研发体系，组建了一支包括外国专家在内超过 5000 名专业人员的研发队伍，成立了制冷技术研究院、机电技术研究院和家电技术研究院三个基础性研究机构，拥有 300 多个国家实验室。

在技术研发上，格力从来不设门槛，需要多少投入多少的做法，让其成为中国空调业技术投入费用最高的企业。据统计，仅 2011 年，格力电器在技术研发上的投入就超过 30 亿元。

格力电器在国内外累计拥有专利超过 6000 项，其中发明专利 1300 多项，是中国空调行业中拥有专利技术最多的企业，也是唯一不受制于外国技术的企业。2013 年，格力跃居中国最具价值品牌 50 强排行榜家电行业榜首。

在现实生活中，往往越是聪明人，可支配的资源越多，眼界就越开阔，受到的诱惑也就更多，他们一旦在自己的领域获得成就，就能在其他领域轻松超越低级选手，扩大自己的优势，因此也就越来越不专注。最可怜的失败，不是在一个战场上输给顶尖高手，而是在几个战场上同时被各领域的低级选手打败。太多的聪明人死于不专注，专注是高手的第一护城河。

做到 10 倍好

建立个人品牌的第三个原则是，最大限度地释放自己的潜能，开足马力，全力冲刺。这时，你就要把目标定得高一些，不是比别人好 10%，而是要做到 10 倍好。

Google X 实验室负责人阿斯特罗·泰勒讲过一句近似疯狂的话，他说："把一件事情做到 10 倍好，其实比做到好 10% 还要更容易。"

这话听起来的确有些不可思议，但泰勒对此有自己的解释，用他的话说，尝试做一样新东西或者更好的东西，不外乎两种方法："一种是在原来的基础上进行小修、小补、小改，这样你得到的就是 10% 的改进；另一种是一开始就把目标设定为做到 10 倍好，这样你就不得不重新开始，将原来的基础假设、整体架构全部打破，才有可能实现。"

要让马车跑得更快，最好的办法不是去寻找更强壮的马，而是思考向前运动的物理学原理，找到更有效率的替代品——内燃机。同样，要想将汽车发动机的成本降到最低，就不能只对内燃机本身作出改进，而是改用电动机，只有让汽车从燃料驱动改为电力驱动，才能从根本上解决问题。循序渐进式的进步依靠的是更多的资源、更高的成本以及更大的努力，就像把考试成绩从 90 分提到 100 分，总是比从 60 分提到 80 分要难得多。而 10 倍的进步，则是建立在勇气和创新基础之上，是用巧劲，是打破常规，是对要素的重新组合；另外，10 倍的目标，也会逼着你用第一性原理进行更深入的思考，从而看透事物的本质规律。

关于如何打造个人品牌，除了以上三项原则，还需要注意一点：不要试图一开始就在某个点上做到世界第一，或者整个行业最好的，而是要把注意力放在你能影响、能操作的赛道，最好是从身边的环境开始做起。比如，在你的公司、部门、朋友圈里先做到头部，并以此来验证你的品牌模式，因为真正有效的策略至少会让你在当前的环境中破局。倘若你的个人品牌在小圈子里都做不起来，怎么可能拥有大市场呢？

33. 跨界思维：快速变化的时代，如何建立多维竞争力

从小我们就被教育"干一行，爱一行"，想要作出成绩，就必须在你的本职工作上尽最大的努力，正所谓"术业有专攻"，千万不要三心二意。

在以前那种社会发展相对缓慢、生活状态相对稳定的环境下，这些道理还是很受用的。有一小部分人很有天赋，非常努力，再加上运气也不错，最终成长为某个领域的顶尖高手。

可目前对于多数人来说，要想在一个狭窄的细分领域里做到顶尖，这种机会越来越少了。主要有两个方面的原因。

第一，无论在任何组织里，能爬到金字塔塔尖的总归是少数人。

一个很典型的例子，就是职场35岁现象。人一旦过了35岁，在职场上的竞争力就会断崖式下降，通常25岁~35岁这个年龄段是最好找工作的，年轻人不仅体力好、思维活

跃、更有拼劲，还能长期出差和加班；对于企业来说，人力成本更低。而且人在年轻的时候，大多都处在职业生涯的初级阶段，市场上职位缺口比较大，就业机会也多；随着年龄的增长，合适的职位越来越少，高级职位在一个公司里就那么几个，不是每一个士兵都能当上将军。就好像下围棋一样，刚开始落子的地方很多，海阔天空，到处是生机，可越到后面，环境对你的制约就越大，生存空间也会越来越狭窄。

第二，现如今是一个发展迅速、变化急剧的时代，环境一变，坐标系全变了，以前非常稳固的价值体系很可能瞬间就会被新的价值网络所取代。

比如，十年前的大学毕业生去银行当个柜员是很好的工作，而现在这个工种已经岌岌可危了。从目前的科技发展速度来看，不出十年，新技术和人工智能会让很多我们习以为常的工作岗位彻底消失，可能你在一个职位上还没干几年，这个职位甚至连同整个行业都不存在了。

基于上述两个原因，未来我们要想获得更好的发展，就必须改变思维方式和成长路径。那具体该怎么做呢？

我看过一个故事，一个名叫亚当斯的漫画家，在成为漫画家以前在办公室工作了很多年，特别懂办公室政治。后来他通过漫画的形式幽默地展现和讽刺办公室政治，他的作品"呆伯特系列"漫画目前覆盖65个国家，使用25种语言，在超过2000家报纸上发表。亚当斯给年轻人的建议是，要想取得卓越的成就，可以采取以下两种方法。

第一种方法，是把一项技能练到全世界前 5% 的水平，成为这个领域的顶尖高手。这就是我们刚才说的比较传统的成长逻辑，像钢琴界的郎朗、相声界的郭德纲都属于这种人。但是这对于大多数普通人来说非常困难，不仅需要超乎常人的勤奋，天赋和运气同样缺一不可。

第二种方法，是学习两项或者多项技能，让每一项技能都达到全世界前 25% 的水平，然后再将这些技能结合起来去做一件事，也能取得了不起的成就。以亚当斯为例，他并不是世界上画漫画最好的，但能达到前 25% 的水平；他也不是写笑话写得最好的，但同样能达到前 25% 的水平；他更不是最懂办公室政治的，但还是能跻身前 25% 的行列，而他把这三项技能结合在一起，通过画幽默漫画来展现和批判办公室政治，这就很少有人能做到了，在这个领域中，他就是最好的。

在我们的周围环境当中也有很多这样的例子。

前些年有个名叫"细腿大羽"的网红，她原本是一家公司的普通职员，觉得工作实在没意思就辞职了。在辞职之后的一段时间里，她也不知道未来该干什么，她平时有两个爱好：一是喜欢孩子；二是喜欢摄影。于是她就把这两个爱好结合起来，做起了儿童摄影的生意，从早上孩子醒来开始，对孩子进行一天的跟踪拍摄。她从周围的朋友中获得了第一个订单，后来生意越做越大，到 2017 年年初，她的订单报价就超过一万块钱一天了，这还得排队才能约上。将两个不相关的爱好结合在一起，不仅让她获得了更高的收入，也让她打造出了属于她自己的个人品牌。

古典老师在新东方给老师做培训的时候，会专注于提升老师们五个方面的能力，分别是：<u>专业知识、课程设计、呈现能力、个人魅力、积极心态</u>。同样的训练课程，总会有少数几个老师的成长速度远远超过其他老师，但这些老师并没有比其他的老师更聪明、更勤奋，而是因为他们采用了更科学的学习路径。

在培训的时候，多数老师都是先把这五项技能中的一项学到 100% 的水平，然后再学习下一项技能，直到全部学完。比如，一项技能需要 10 天才能学会，那么五项技能就需要 50 天才能学会，而那些"聪明"的老师却不是这么学的，他们先用其他人学习一项技能的 20% 的时间，也就是只用 2 天先把这项技能学到 80% 的水平，然后开始学习下一项技能，同样用别人 20% 的时间学习下一项能力的 80%……这样下来，他们只用 10 天的时间就能让这 5 项技能都达到 80 分的水平，总分就是 400 分，而其他老师此时只有 100 分。根据新东方的制度，越是优秀的老师就越能获得优质的教学资源，那些学得快的老师往往能取得很大的领先优势，等其他老师把 5 项技能都学到 100 分的时候，那些"聪明"的老师早就成为新东方的名师了。

人只有用两只眼从不同的位置、不同的角度观察一个物体的时候，才能更精准地定位这个物体，从而产生更清晰的图像。同样，一个人要想活得好，不仅要有自己的核心竞争力，还需要一种跨界优势。比如，巴菲特不仅是投资家，还是企业家；贝克汉姆不仅球踢得很好，而且还有精心打造的商业品牌，有了更大的影响力；1984年的洛杉矶奥运会过去很长时间了，当年我们国家的那些金牌得主们，现在你还能记住几个人呢？估计也只记得李宁和郎平这两个名字，这其中一个很重要的原因就是，他们两个都是在自己做得最好的维度之外，又开拓了一个或者多个维度。

这就是跨界的力量，这个道理如果用几何概念来解释，就更容易理解了：<u>单个维度上，大家比的是长度；两个维度上，大家比的是面积；三个维度上，大家比的就是体积</u>。只在一个维度上发展，你最多拿100分；在两个维度上，哪怕各自都只有50分，面积也就是2500分了；如果有三个维度都是50分，那么体积就是125000分……

抛开个人层面，如果你去观察商业世界，那些具有竞争力的企业大多都是在好几个维度上开展业务的。比如，亚马逊在电商业务的基础上，发展出了云计算业务；腾讯公司凭借QQ和微信这两个现象级的应用坐稳了互联网社交领域霸主的位置；麦当劳既做餐饮，又搞房地产；等等。

如果你只有一项独家优势，一旦受到外界环境的限制或者竞争对手的打压，这个优势可能瞬间就会丧失掉，最终导致整个系统的崩盘、全局性的落败。倘若你除了自己的强项，还有一两项隐藏技能，就相当于你为自己开拓了更多维度的生存空间，而且跨界整合所带来的优势往往不是几个强项做加法，而是做乘法，最终将获得几何级数的回报。

说到这里，可能有的人会产生一个疑问：打造多维度的竞争力和前面我所强调的"专注"不是相互矛盾了吗？

其实，多维度和专注并不矛盾。专注，是在战略和大方向上的专注；发展多个维度，是在战术或者技能上的跨界混搭。比如，微信和QQ是两个完全不同的产品，但它们都是腾讯公司在互联网社交领域的战略布局；李小龙既练过咏春拳也练过跆拳道，可他练的都是功夫；罗大佑既能弹唱又能创作，但他始终也没跳出流行音乐的圈子。所以，专注和多维度是一体的两面，并不矛盾。

需要注意的是，不同维度的能力往往不是齐头并进的，多数情况下是在一个维度上的能力达到一定高度之后很难再提升的时候，积极培养其他维度的能力，这些新的能力会对已有的优势起到一种巩固和加强的作用。在多个维度上提升自己的竞争力，本质上是对自己各方面的能力进行重新整合，从而形成自己的风格和优势的过程。

总之，当我们关于一件事情已经做得不错的时候，就要考虑自己是否还有其他方面的成长空间以及发展的可能。只有持续不断地寻找下一个落脚点，开拓个人能力的新边界，才能长久地在这个快速变化和错综复杂的生态环境中立于不败之地。

34. 斜杠思维：跨界开展副业的好处不只是多一份收入

现在越来越多的人开始意识到，要想有更好的职业发展，赚取尽可能多的财富，只有一份工作是不够的，主业之外还得搞个副业。再加上最近几年移动互联网在商业领域的基础设施不断完善，普通人开启第二职业的门槛越来越低了，微商、网店、自媒体带货总有一款适合你，很多人在副业上的收入甚至比主业还要高。

其实"副业"这种现象也不是最近才热起来的，早些年就流行过一个类似的概念，叫作斜杠青年。其意思是，一个人在本职工作以外，同时掌握了一个或多个不同领域的知识或者技能，以至于他在填写职务那一栏的时候，需要用"斜杠"将他的多个职务分隔开。"斜杠"这个词首次出现在《纽约时报》专栏作家玛西·埃尔博的一本书中，2007年他首次提出了"斜杠效应"。

对于"斜杠"现象，近年来社会各界观点各异、褒贬不一。赞同的观点认为跨领域学习和发展能够拓宽职业赛道，探索人生的多种可能，培养多维度的竞争力；反对的观点则认为跨界往往会导致博而不专、杂而不精，什么都会就等于什么都不会。我个人认为很多事情并没有绝对的好与坏、对与错，关键要看适不适合自己。

下面我就来回答几个关于跨界的问题。

💡 为什么要跨界？它能为我们带来哪些好处？

跨界有以下三个好处。

第一，打破思维局限，提升认知维度。

如果常年只在一个领域里学习和工作，就容易导致自身的知识和技能过于单一，会让人眼界受限、思维固化。我们都知道，任何行业发展到一定程度都会遇到瓶颈，要想突破这个瓶颈往往就需要用到其他领域的学识和经验。

近些年，电动汽车的普及改变了传统汽车产业的格局，资本和媒体对电动汽车的追捧一直就没断过，那么电动汽车最初是怎么发明出来的呢？这就不得不提到世界上第一个电动汽车品牌——特斯拉。很多人都以为特斯拉的创始人是大名鼎鼎的钢铁侠埃隆·马斯克，其实并不是，特斯拉真正的创始人是一个名叫马丁·艾伯哈德的人。他之所以创立特斯拉，是因为他既是个跑车迷，又是一个环保主义者，所以才有了想要发明一种环保型电动汽车的想法。

总之，没有跨领域的多元思维模型，就很难有实质性的改进和突破。

第二，如果你不喜欢现在的工作，"斜杠"会是一种很好的补充。

不是每个人都有机会找到自己喜欢的工作，而且很多人在刚开始工作的时候也并不知道自己真正的兴趣和优势在哪里，等工作了很多年终于知道自己想要做什么的时候，可能会因为家庭或者现实的压力而难以转型。在这种情况下，"斜杠"就是一个不错的选择，上班赚钱，下班做自己擅长和喜欢的事，如果能发展成第二职业，还可以有一份额外的收入。

第三，在快速变化的时代，多重技能是职业发展最好的保护伞。

当今社会最重要的特征之一，就是发展迅速、变化飞快且难以预测，一波新技术的出现可能让很多就业岗位从此消失。与此同时，也会带来很多新的机会，而机会总是青睐有准备的人，提前储备新技能不仅能够让你从容应对因社会发展而带来的职业风险，还能让你有机会抓住风口，借势崛起。

什么样的人不适合跨界？

首先，是那些明确知道自己适合什么、想要什么、希望在一个领域里爬上金字塔顶端的人。他们会觉得当下所从事的工作足够博大精深，即使只做这一件事，时间和精力都不够用。对于这样的人来说,倒不如先专注在一个方向,等工作遇到瓶颈的时候再考虑往其他领域发展,或者寻找更合适的策略。

其次,是那些连自己的本职工作都还没做好,就妄想通过跨界来实现弯道超车的人。这样做的成功率是非常低的,因为当你跨界之后,你就会发现新的领域并不比之前的更容易,反而会更难。所以,最好别轻易转场,虽然选择比努力更重要,但不要用选择去代替努力。

什么样的人跨界的成功率更高?

第一,在原来的领域已经证明自己能够做得很出色的人。

据说谷歌公司早期招聘员工的时候有一个很奇葩的规定,无论申请人有多少年的工作经验,都要提供大学四年的成绩单。对于这个硬性要求,谷歌给出的解释是,尽管大学成绩不能完全反映一个人的工作能力,却是一种责任心的体现,一个在学习上没有责任心的人,也很难在工作上有上进心。说白了,谷歌选拔人才的一个底层逻辑就是能在一个行业里作出好成绩的人,换个行业即使做得不够好,也差不到哪儿去。

第二,对于想要跨界的领域有过硬的专业知识,或者在跨界之前,愿意付出时间和精力进行系统性学习的人。

央视节目主持人张泉灵转型做投资人的前半年,每天用十几个小时来学习投资方面的知识;美国著名工程师富尔顿从画家跨界到发明家的过程中,也是从头学习了数学和机械方面的知识。在任何一个领域想要做好,都需要深入的学习和长期的积累,所以跨界并不轻松,不是仅仅知道一点皮毛知识,或者只是觉得自己对这方面感兴趣,就能在新的领域里实现华丽转身的。

第三,在某个领域有着极高的天赋,但以前一直都没发现的人。

一旦他们发现了自己在某些方面是有先天优势的,通常会比其他人更容易成功。

第四,思想比较开放,对新事物永远保持好奇心的人。

跨界为我们开启了一扇通往新世界的大门,如果你总是抱残守缺,不肯走出舒适区,不去尝试新事物,就不可能找到人生其他维度的打开方式。

到此,想必你已经知道,以你目前的状态到底适不适合再搞一个副业或者做理想中的"斜杠精英"了。

以怎样的形式实现跨界?

第一,艺术+技术,也就是左脑与右脑相结合。

这是一种理性思维与创造性思维共同发展的模式。比如,科技工作者兼职作家,医生兼职设计师,等等。

第二,稳定收入+兴趣爱好的组合。

这种模式比较适合把新领域当作兴趣爱好或者还在探索阶段,其收入还不足以满足生存需要的情况。

第三，大脑+身体的组合。

也就是让体力劳动和脑力劳动相结合，这样更有助于身心的全面发展。比如，科研工作者同时也可以是健身教练，等等。

第四，具有高度相关性的职业组合。

如果你目前的职业与其他职业有密切的相关性，也可以通过扩大职责范围来实现跨界。比如，作家可以向编剧、讲师、顾问等职业跨界；项目经理可以同时扮演产品经理和运营经理的角色；一个人既做导演又做监制；等等。

最后需要强调的是，是否跨界发展应视具体情况而定，"斜杠"精神也许适合某些人，但不适合另一些人，或者在人生的某个阶段适用，而在另一个阶段就不适用。千万不要盲目跟风，适合自己才是最重要的。

35. 故事思维：未来属于会讲故事的人，如何讲出一个好故事

在人的一生当中，有许多难做的事，但是有一种方法能帮你做到，那就是——学会讲故事。

首先，我们通过一个思想实验来看一下如何通过"讲故事"把事做成。假设有一天你去超市买酒喝，摆在你面前的有两种酒，这两种酒的价格、口味、包装都差不多，最大的区别就是包装上写的介绍不一样。第一瓶酒的包装上是这么写的："这是一款用纯高粱酿制而成，适用于大众消费的健康酒，天然首选，口感好不上头，聚会有品位，独饮解忧愁……"；第二瓶酒的包装上印着这样一段话："若干年以前，奔波霸和霸波奔两兄弟的母亲患癌症去世，兄弟俩十分悲痛，母亲操劳一生，却没来得及过几天享福的日子，唯一的爱好就是每天喝一点儿高粱酿的酒。为了纪念已故的母亲，兄弟俩历尽艰难创办了这款酒的品牌，并且承诺，此酒每售出一瓶，将会向癌症研究基金会以及临终关怀中心捐赠10

块钱。截至今年年初，他们已经捐赠了75万元。您的每一次购买，都是在为社会奉献爱心，也是为家人带去一份健康的保障。"

你看完这两种酒的介绍后，会买哪一种？

相信多数人都会毫不犹豫地选择第二种，因为它讲了一个好故事。

另外，故事也有助于把你的思想放进别人的脑袋里。无论你说服的对象是下级员工、合作伙伴，还是投资人，想让对方同意你的观点，并且用行动来支持你，是一件非常困难的事。每当这个时候，很多管理者就开始不遗余力地摆事实、讲道理，以为对方只要听懂了道理，就会行动起来，到最后却发现一点儿用都没有。

为什么讲道理没用？因为道理并不能改变人的行为。几乎每个人都知道多锻炼可以让身材更好、多读书可以改变命运的道理，可又有几个人能长期坚持做下去呢？既然讲道理没用，那我们该怎么办呢？

比讲道理更高级的做法就是讲故事，因为故事可以驱动人的行为。仔细观察你就会发现，几乎所有伟大的领袖都是讲故事的高手。

一个好故事为什么具有这么大的力量？

🧠 历史原因

故事是人类最古老的表达方式，从人类诞生的第一天开始，在人的大脑中，就形成了能够听懂故事的情感系统，而能够理解道理的逻辑系统是后来才逐渐形成的。这就是为什么人在很小的时候并不能很好地理解逻辑，却能听懂故事。认知科学家马克·特纳曾说："故事是人类最基本的思维方式，是理性思维和理解事物的基础，我们大部分的精力、知识和思想都是由一个个故事所组成的。"尤瓦尔·赫拉利曾说："几万年以前的智人能够战胜其他物种，成为世界的主宰，是因为他们有能力进行大规模的协作，而把智人团结在一起进行合作的力量，就是故事。"

在人类过往的历史当中，存在过没有先进技术的社会，却未曾存在过一个不讲故事的社会，人类的发展史就是讲故事的历史。

故事是最具影响力和说服力的工具

我们人类的大脑，本能地排斥那些大道理，对故事却毫无抵抗力。比如，当你听完一场演讲，过段时间之后，这场演讲的大部分内容你可能都忘了，里面的故事你却依然记得。曾经有人对成功的 TED 演讲做过逐词逐句的统计，发现主讲人用在自我介绍上的时间在 10% 左右，用在理论推理和逻辑论证上的时间大约占 25%，剩下 65% 的时间都在讲故事。

故事的力量来自它将信息放在了某种情感化的情境之中，从而对大脑的杏仁核产生强烈的冲击，就像犹太人所说的:"当真理赤裸着身体来到人群中的时候,所有人都害怕它,甚至不敢直视它;后来有一位名叫智慧的老人,把它请回家里,给它做了一件叫作寓言的外衣,当它再出去的时候,所有人就都喜欢它了。"

🌟 从当今社会发展的趋势来看,讲故事的商业价值会越来越大

从个人商业价值的角度来看,讲故事的能力不可或缺。比如,一个创业者能否获得投资,个人素质和项目的潜力固然很重要,但最终起决定性作用的,是创业者的故事能否打动投资人。

总之,无论你是参加面试,还是销售产品;无论是向上级汇报工作,还是向下级传达目标,本质上都是在讲故事。不夸张地讲,<u>未来你能讲出什么样的故事,你就能获得多大的成就,这个世界正在疯狂地奖励会讲故事的人。</u>

既然讲故事的能力这么重要,那我们怎样才能讲出一个好故事呢?

第一,故事里一定要有情感因素。

首先,有没有情感是故事与其他表达方式最重要的区别。其次,情感比道理更能激发和驱动人的行为,正如哲学家休谟所说的:"理智永远是情绪的奴隶,一旦情绪出场,理智要么退场,要么就做了情绪的狗腿子。"比如,我说:"有一天,王后死了。没过多久,国王也死了。"这就是一种

叙事的表达方式。可如果我换一种说法："有一天，王后死了，国王由于伤心过度，没过多久也死了。"这就是一个故事。两者之间唯一的区别，就是话术里面有没有包含情感因素。

第二，一个好故事，要像一面镜子，能让听众从故事当中看见自己。

很多领导者在公开场合讲话的时候，都特别喜欢讲自己过去的经历，讲自己曾经辉煌的历史，这并没有什么不对，却很难打动人心。为什么呢？要知道，你自己的故事再精彩和别人又有什么关系呢？每个人最关心的都是自己，只有当听众从你的故事中看见了自己的样子，你所说的才能真正进入他的内心。

20世纪美国民权运动的领袖马丁·路德·金，做过一次反种族主义的演讲，演讲的题目叫作《我有一个梦想》，这次演讲被誉为"20世纪最著名的演讲之一"。在演讲当中，他说："我有一个梦想，我希望有一天，在一座山丘上，奴隶的儿子可以和奴隶主的儿子并肩而坐，称兄道弟。"就这么短短的一个小故事，让在场的每一个听众不仅看到了现在的自己，也看到了未来的自己。

第三，一个好故事要对人的行为有启示作用。

<u>听众听完你讲的故事，应该知道自己未来的行动方向是什么。</u>

2008年金融危机，星巴克的业务受到严重影响，董事

会要求创始人舒尔茨取消职工的医疗保险，以降低企业的经营成本，安全"过冬"，但是这个要求被舒尔茨拒绝了，为了说服董事会，他讲了一个自己小时候的故事。

在舒尔茨7岁那年，他的父亲在工作中摔断了腿，但没有医疗保险，不仅丢掉了工作，还要自己负担全部的医疗费用。而当时他的母亲正怀着孕，无法外出工作。那段时间，舒尔茨的父母每天晚上讨论的都是第二天该向谁去借钱。每当家里的电话铃响起的时候，因为怕是要债的，舒尔茨都说自己的父母不在家，一家人的日子过得相当艰难。当时舒尔茨年纪很小，并没有想过自己未来会创办一家企业，但是他有想过，如果有一天自己有能力了，一定要让发生在自己父亲身上的事情不再发生在别人身上。

当董事会提出取消职工医疗保险的时候，舒尔茨拒绝了，因为这并不符合企业的价值观。这就是一位企业领袖用讲故事的方式来告诉所有人，企业的价值观是什么，未来什么事情可以做、什么事情不能做。

第四，讲故事其实是有流程和套路的。

神话学大师约瑟夫·坎贝尔用了很多年的时间收集世界各地的神话与宗教故事，并于1949年出版了一本书名叫《千面英雄》。他在书中写道："无论任何时代、任何文化、任何国家，所有神话故事的基本要素和基本逻辑都是一样的。所以，从来就不存在什么新故事，千百年来，人们一直在复述同一个故事。"也就是说，每个故事的内容和情节或许不尽相同，但故事的结构基本上都是差不多的。如果你对各种故事、小说进行抽丝剥茧，捋出每一个故事的基本结构和逻辑脉络，你就会发现从《西游记》《三国演义》到《哈姆雷特》《基督山伯爵》，骨子里都是一个套路；从《叶问》《战狼》到《星球大战》《复仇者联盟》，本质上都是一个模式。

这个模式大致可以分成七个步骤，一个完整的好故事基本上都会全部或者部分地遵循这七步：初始人物设定——出现阻碍——努力并有所收获——受挫并打算放弃——出现意外事件——关键时刻的抉择——高潮和结局。

为了让你更好地理解这七个步骤，我们以徐峥主演的电影《我不是药神》为例，把整个故事按照这种结构梳理一遍。

（1）初始人物设定。徐峥扮演的主人公程勇是一个窘迫的中年男人，靠卖保健品勉强维持生计，家里上有老下有小，日子过得紧巴巴的，妻子还跟他离了婚。

在电影一开始，这个人的生活目标就是为了赚钱养家，外加争夺孩子的抚养权。虽然生活不太如意，可程勇从来不做违法违规的事。邻居看他生意惨淡，就给他介绍了一个客户——白血病人吕受益。吕受益想让程勇帮自己从印度走私一种药，说这是巨大的商机，一本万利。因为走私药是违法行为，所以程勇想都没想就拒绝了。

（2）出现阻碍。老爸意外摔倒，需要一大笔钱救命，程勇迫于无奈决定铤而走险，去印度走私药品。

（3）努力并有所收获。由于这种药属于违禁品，市场需求很大，而官方的价格又太贵，老百姓根本买不起，程勇靠走私这种药品然后再低价卖给患者，不仅让他自己赚了个盆满钵满，也让很多患绝症的人有了活下去的希望。

（4）受挫并打算放弃。高额的利润导致激烈的竞争，市场上出现了同类假药，害了很多人，遭到政府的严厉打击。程勇决定就此收手，用赚来的钱开了家工厂，做起了正当买卖。

（5）出现意外事件。朋友吕受益因为无法继续服用这种走私药而去世，同为病人的黄毛为了保护来之不易的药品不幸发生车祸去世。

（6）关键时刻的抉择。一边是遵纪守法的富足生活，一边是朋友的离世，以及一双双等药救命的病人们期待的眼神。在这种情况下，程勇下了决心，这一次不仅不赚病人的钱，甚至不惜每个月倒贴几十万，也要继续走私这种药，目的只有一个，就是让更多的患者活下去，多救一个算一个。

（7）高潮和结局。虽然是出于好心，但毕竟还是走私药品，主人公程勇最终还是受到了法律的制裁。程勇坐在开往看守所的警车上，路旁站满了他帮助过的病人，他们正在举目向他致敬。虽然面临监禁，但是他并不后悔，因为他知道，有些东西比自己的得失更加重要。

　　这就是一个精彩故事的经典结构，相信你在生活中，也一定听过、见过这样的好故事，可以试着用上面这些方法和套路讲给别人听。最后，祝愿你的整个人生也是一个好故事。

36. 算法思维：你能取得多大成就，由一个公式决定

是什么决定了一个人所能取得的成就呢？抛开运气之类的非主观因素不谈，我们只说自己能掌握的部分。

公众号"孤独大脑"的作者喻颖正给出了一个公式，我个人认为还是相当靠谱的。这个公式和爱因斯坦的质能方程（$E=mc^2$）非常相似：人生成就 = 核心算法 × 大量重复^2。

这个公式所蕴含的道理有点像巴菲特的"滚雪球"理论：把雪球滚大，需要两个先决条件，首先你得有一块很湿润的雪，相当于核心算法；再找到一个很长的坡，也就是大量的重复。

其实仔细想想，任何事情要想做好，基本上都符合这个套路。首先，你要找到一个行之有效并且可以大量重复的基本动作，然后持续这个动作。比如，一个作家的核心算法，不过就是读和写这两个动作，只要不断地重复，不出几年就能写出好文章；减肥的核心算法，无非就是饮食节制外加经常运动，如果长期坚持，几个月就能见效。多数情况下，所

谓"成功",其实没什么秘密可言,要么找到一件能用笨办法重复做的聪明事,要么找到一件能用聪明办法重复做的笨事情。

这个道理看起来稀松平常,可往往越是有用的理论就越具有这样的特点：<u>看起来极其朴素、简单,做起来却非常难,持续地做更难</u>。在这个公式里面,有以下三个关键因素是需要你特别注意的。

找到属于你的核心算法

世界上任何一种事物,无论是个人、组织,还是思想理论、意识形态,不管它在外表上看起来多么庞大、复杂,它的本质都非常简单,都是从一个小得不能再小的"内核"发展起来的。不管面对多么庞大复杂的事物,只要你把它从外向里一层一层地剥开,剥到最后剥不动了,就会剩下一个很小、很坚硬的"内核",这个"内核"就是它的核心算法。

在我的书架上,有一本书叫《几何原本》,里面有几百个概念、公设、公理和命题,这本书用数学思维充分展现了三维空间的精妙与神奇。很多建筑学、物理学和工程学的成果,都是以几何学为基础的,然而这么宏伟而又严谨的几何学理论体系,其实只不过是由5个公设和5个公理推导出来的,你说神不神奇？这5个公设和5个公理,就是几何学的核心算法。

"股神"巴菲特几十年来一直是价值投资的实践者,他每年的投资收益率其实最多也就在20%左右,这对于很多投资家来说简直不值一提，可他把这种投资理念坚持做了几十年，在复利的不断加持下，最终形成了现在的金融帝国。价值投资的理念，就是巴菲特的核心算法。

类似的还有"功夫喜剧"之于成龙，"性价比"之于小米公司，"辣酱的味道"之于老干妈，"饮料配方"之于可口可乐，都是核心算法。

而你要做的，就是找到属于自己的核心算法。

核心算法个性化很强，即使是同一件事，对于不同的主体来说也会很不一样。比如，大家都锻炼身体，也许你适合跑步，我适合游泳，她适合练瑜伽；同样爱写作的两个人，可能一个擅长写小说，一个适合写干货。你到底适合什么算法，只有通过不断地试错，不断地思考，大胆假设，小心求证，才能找到答案。

坚持执行你的核心算法

如果你有幸找到了属于自己的核心算法，接下来要做的就是抓住它、坚持它、重复它、强化它，为这个小雪球找到一条长长的坡道，让它能够不断地滚动。

要做到这一点并不容易，特别是在刚开始的时候，小雪球滚了很久也没有变大的迹象，甚至会有种用石头填海的感觉。于是很多人就开始自我怀疑："我现在做的事，到底对不对呀，有没有用啊……"关于这一类的现象，著名的管理学家吉姆·柯林斯提出过一个概念，叫作"飞轮效应"。

假设在你面前有一个直径20米、厚3米、重25吨的铁轮，不仅质量大、体积大，而且上面长满了铁锈，而你的任务就是让这个轮子转动起来。柯林斯说："刚开始的时候，无论你怎么用力推，这个铁轮都纹丝不动。后来你想尽办法用尽全身力气推动铁轮，在你不断地坚持之下，终于，这个铁轮稍稍动了一下，再推，又动了一下……可只要你一停下来，它也会停下来，这样的光景是很容易让人绝望的。"当你身边所有的人都认为你是在做无用功的时候，你仍然没有放弃，继续一点儿一点儿地推动，直到轮子转了一圈、两圈才逐渐感觉到有了一点点惯性；然后你继续推，一直转到第50圈、第100圈的时候，突然在某个时刻，铁轮开始加速转动，它自身的质量也转化成了一种助推力，转速越来越快，这个时候即使你想让它停下来，也已经很困难了。

很多时候，这个铁轮就像是我们的成长、我们的事业，甚至是我们的人生。1和10是数量级的差异，0和1是天壤之别。

🧠 不断重复核心算法，美好结果自然呈现

当大量同类事物聚集在一起的时候，就会形成一种全新的、比这个事物本身更高级的物种或者现象，这个过程就是涌现。

比如，一只蚂蚁或者一只蜜蜂的智力是很弱的，弱到几乎可以忽略不计，可当成千上万只蚂蚁或者蜜蜂聚在一起的时候，就会产生一种群体智慧，有组织有规范，有分工有合

作,从而体现出极高的智力水平。再比如,人脑中的每一个神经元都没有意识,可如果把数百亿个神经元放在一起,让它们产生链接,就会形成一个神经网络,从而有了意识和思考能力。这就是涌现。

让核心算法不断重复,只要重复的次数足够多,就会涌现出一个你所意想不到的结果。

多年以前,在美国的一个小镇上,有一位母亲举办了一个小型摄影展。展览的主题很普通,不过就是这位母亲用相机记录下的自己孩子每天的日常点滴而已;至于摄影技术,也就是大众水平,没有任何过人之处。可这个摄影展在当地引起了不小的轰动,很多人都慕名参观了这个摄影展。秘诀在哪里呢?用相机记录孩子的生活,这样的照片拍一张并不难,谁都能做到,难的是每天都拍一张,一拍就是17年,一天都没有间断过。当这位妈妈把成千上万张照片串在一起展示在大众面前的时候,就会给人的心灵带来一种强烈的震撼。

伟大的成就并不取决于你做的事情有多伟大、你的"核心算法"有多高明,关键在于你能否不断地重复你的算法。倘若这位妈妈把目标设定为希望有一张照片可以入选《国家地理》杂志,那可能是她一辈子也无法实现的。正如巴菲特所说:"我并不试图去跨越7米高的栏杆,我只寻找很多个能够轻松跨越的1米高的栏杆。"所以,重复才是秘诀。在你不断重复、不断迭代的过程中,美好的结果终将呈现。因为所有的成功,都是因为找到了某种可以复制的算法。

- 第六章 -

事业破圈

> 你根本不知道自己喜欢什么样的生活，直至你过上了这种生活。
> ——亨利·福特

37. 涟漪思维：让每一分努力，创造指数级收益

涟漪思维也叫作"同心圆效应"，这个概念是我从吴伯凡老师那里学到的，这个名字虽然听上去感觉有点儿奇怪，却非常形象。那究竟什么是涟漪思维呢？

我们先来看两个事例。

第一个事例：

有一次，我听"罗辑思维"的创始人罗振宇讲，曾经有一个还没毕业的大学生到他们公司实习，因为没什么工作经验，就被安排在了客服岗位，主要工作是接听客户的一些投诉电话之类的琐事，内容特别枯燥乏味。但这个实习生并没有嫌弃这份工作，每天除了完成本职工作之外，在下班之前还会对当天接到的客户电话做一次复盘，对客户提出的问题进行分类整理，还把每一类问题发生时该如何解决都做了详尽的总结和记录。平时其他客服岗位的同事遇到问题不知道该如何应对的时候，也经常拿他的这份工作总结来做参考，

后来他的这份文档也就逐渐成了客服岗位的工作指南和标准流程，公司甚至把它作为岗前培训的方案。而这位实习生也因此成为公司客服部门的权威和专家，还被破格提拔为部门主管。

第二个事例：

在微信公众号刚刚推出的那几年，有一位年轻的母亲，在带娃的日常生活中，不仅学习了很多育儿方面的知识，还经常把自己学到的东西分享出来，逐渐成为身边妈妈群体中的育儿专家。为了满足更多妈妈朋友们的需求，她还开设了自己的微信公众号，在 2016 年的时候该公众号就已经是拥有 700 万粉丝、年营业额高达 5000 万元的母婴类自媒体大号了。

通过这两个事例我们可以看到，这个世界上总是有这样一些人，他们平时所做的事情跟其他人没什么不同，无论是做客服还是学习怎么带孩子，都是很普通的工作，他们最终却获得了超出常人很多倍的收益。如果你仔细考察他们的工作方式，研究其成功背后的底层逻辑，你就会发现这些人平时做事的时候有一个特点，就是除了解决眼前的问题、完成当下的工作之外，他们会比别人多做一点，或者做得更深入一些。

也就是说，他们会在每天例行的工作任务之外，增加一些额外的、超预期的动作，虽然这些动作并不是必需的，看起来好像是在做一些多余的傻事，但在时间的加持下，最终却收获了意料之外的回报。就像往平静的水面投下一块石子，水面就会泛起一圈又一圈的涟漪，它们都是以小石子为中心的同心圆。从表面上看，单次行为的交易是一个小的圆，可从长期来看，它会产生一个更大的圆。比如，高手们在下棋的时候，每走一步，表面上是在应对当下的局面，但也是为下一步棋布局。也就是说，<u>在高手的每一步棋里面，都隐藏着一个同心圆结构。</u>

前面我们提到的两个事例，实习生把每天的工作总结写下来，几个月之后，就形成了工作手册、标准流程；年轻的妈妈把学到的育儿知识分享出来，经过长期的积累，影响力越来越大，最终成为母婴领域的KOL（Key Opinion Leader，关键意见领袖）和知识网红。这种思考问题的方式就叫作涟漪思维，或者同心圆效应。

把同心圆效应用到极致会出现什么结果呢？

亚马逊有自己的物流系统，他们的会员用户能够享受最慢两天、最快两小时的到货体验。在此基础之上，亚马逊把他们的物流体系提高了一个维度，不仅让这套系统为自己公司的客户服务，还把它开放出来，为公司以外的客户服务。在美国，即使你是一个没有入驻亚马逊平台的小公司，也可以用很便宜的价格来购买和使用亚马逊的物流服务，从而达到高效配送的目的。亚马逊把自己的物流服务对外界开放这个动作，所花费的成本是很低的，刚开始的时候它还只是一个辅助性业务，经过几年的迭代和发展就逐渐成为亚马逊最重要的战略立足点和收入来源之一了。

除了物流服务之外，亚马逊云服务的成功也体现了同心圆效应。在 2003 年的时候，由于亚马逊的业务增长速度太快，早先研发的内部管理系统已经无法支撑公司业务的正常运营，于是他们花了两年时间，开发了一套新系统，也就是现在的 AWS（Amazon Web Services，亚马逊云服务平台）的雏形。在研发的过程中，他们突然意识到独立开发一套这样的系统不但成本高，而且难度大、周期长，如果只是自己用，未免太可惜了，因为这种服务不仅亚马逊需要，很多其他大大小小的公司也都用得着。因此，亚马逊首席执行官贝索斯决定，不如稍微多做一点儿工作，干脆把使用权公开出来，让它变成一个对外开放的、营利的服务。

这样做还有一个潜在的好处，就是一旦把这些功能性的服务放到外部，就意味着这些服务被充分暴露在市场的竞争当中，会在客观上迫使其不断焕发出新的活力。反过来，就算这个决策最终失败了，最差的情况也不过就是让亚马逊自己使用这个服务就好了。现如今，亚马逊已经成为全世界最大的云服务运营商，而云服务业务也是亚马逊三大支柱业务之一。

无论是物流系统还是云服务，亚马逊让其他公司也可以使用，并没有做太多额外的工作，就悄悄培育出一种竞争对手无法企及的能力。在这种战略当中，就包含着一种同心圆结构，虽然当时可能看不到效果，但随着时间的推移和资源的不断积累,那个超出当前业务的能力终将会显现出来,形成强大的竞争优势。

世界著名管理学大师彼得·德鲁克曾说:"什么是伟大的事业?伟大的事业就是在你为一件事所付出的努力当中,至少有一半是别人看不到的,或者至少是当时看不到的。"

著名的哲学思想者纳西姆·塔勒布也提出过类似的洞见:如果做一件事情失败了,面临的损失是可以承受并且有下限的,而一旦成功,它所带来的回报却非常非常高,甚至是上不封顶的,那么这件事就值得去做。也就是说,如果做到100分就够了,可一旦你能做到105分,在未来就可能获得远远大于当前付出的收益,那么我们就应该为这多出来的5分而努力。这种思想本质上也是涟漪思维的一种体现。

面对无法预测的非线性世界,我们要在生活中不断地创造出这种同心圆效应,然后默默地等待"黑天鹅"的到来。

38. 产品思维：乔布斯留给世界最宝贵的遗产，是他的四大产品哲学

在 2019 年，新款苹果手机可以说是网络上最热的话题之一，虽然之前苹果手机因为减配的问题遭到业界各种吐槽，可上市之后还是像往年一样瞬间售罄，甚至到了一机难求的地步。

苹果公司内部早就算准了，这点儿小状况是无法撼动 iPhone 在消费者心目中的地位。抛开国家和民族情结不谈，单从产品本身的角度来说，苹果手机确实称得上是一款伟大的产品。任何伟大产品的背后，都必定有一位伟大的设计者。苹果手机背后的这位伟大的设计者，就是苹果公司的创始人——史蒂夫·乔布斯。

一个人的伟大，不在于他活着的时候拥有什么，而在于他死后为这个世界留下了什么。伟大的人都有一个共同的特点，就是他们穷尽一生的智慧，带领千千万万的普通人走出了一条从未有人走过的路，而这条路还通往光明。

说乔布斯伟大，不仅仅是因为他曾经创建了一个市值近万亿美元的商业帝国，推出了几个现象级的产品，这些都只是表象；他对世界最大的贡献是颠覆了人们对产品的认知，开创了一种全新的产品哲学和思维方式。人类社会自第一代苹果手机开始，正式进入了移动互联网时代。没有乔布斯，很难说你现在还能不能拿着手机刷视频。

乔布斯的一生可以说充满了传奇色彩，不能重来，却让人缅怀；无法复制，却值得借鉴。

我一直强调，向伟大的人物学习，要学习他的思想。那后辈们究竟能从这位天才创业家身上学到些什么呢？

基于科技和人文的简洁理念

乔布斯曾说："一旦做到了简洁，你将无所不能。"

"大道至简"是中国的老子最先提出的哲学思想，在中国历史上传承了几千年。古今中外，能把这个理念发挥到极致的人并不多，乔布斯就是其中之一。乔布斯所说的简洁，并不是单纯地为产品做减法，而是一种基于科技和人文的简洁理念，体现在产品、战略以及沟通等多个层面。

首先，是简洁的产品。我们都知道苹果的产品是没有使用说明书的，即便是幼儿园的孩子也能抓起来就用。其实苹果公司任何产品的内部结构和设计都是相当复杂的，只是被设计师们隐藏了起来，用户看不到而已。他们只会把最简单易用的操作体验呈现给用户，而把复杂留给自己，你用起来越简单方便，设计师们的工作就越复杂烦琐。

其次，是简洁的战略。战略的简洁也就是我们经常说的——专注。当年乔布斯重新回到苹果公司之后，发现公司的产品太多、太杂、太乱，很多都是为了应对上层管理者或者经销商而开发的，并不是为了用户。于是，他所做的第一件事情就是大刀阔斧地砍掉了90%的业务，只留下很少的几款产品，结果这几款产品都成了爆品，苹果的股价也随之上涨。

最后，是简洁的沟通。苹果公司的企业文化之一就是坚持原则、敢说真话。乔布斯说："与优秀自信的人合作，不用太在乎他们的自尊。如果他们的工作不合格，你能替他们做的最重要的事，就是告诉他们哪里还不够好，而且要说得非常清楚，要用无可置疑的方式告诉他们，你的工作不合格。"

乔布斯要求他的员工跟他一样敢说真话，这种"直来直去"的沟通方式避免了员工之间在解读对方话语上浪费时间和精力，也少了很多不必要的误解，从而降低了沟通成本，提高了工作效率。

拿来主义与借鉴式创新

"创新"一词给人的第一感觉是，要是不发明个什么新东西都配不上这个称呼。其实这是对创新最大的误解，发明创造只是创新的一种，是极少数专业人士才可能做到的。乔布斯告诉我们，创新还有另外一种，就是对已经存在的各个要素进行重新组合。

当初 iPhone 1 的发布可以说震惊了整个手机行业，因为在它身上集合了太多颠覆三观的设计和技术，可很多人不知道的是，这些技术如果单拎出来看，没有一项是苹果公司自己发明的。比如，作为最大卖点之一的多点触控技术，在 20 世纪 80 年代就研究出来了；iPhone 屏幕所使用的金刚玻璃，是一家叫康宁的公司生产的；虚拟键盘技术在当时来看也有几十年的历史了，只是乔布斯第一次把它用在了手机上；在软件这一块，iTunes 的创意最早也是来自比尔·盖茨。乔布斯的伟大之处在于，他将最合适的技术以最巧妙的方式整合在一起，作出了一款改变世界的产品。

正如毕加索所说："优秀的艺术家模仿，伟大的艺术家偷窃。"

追求极致的工匠精神

在我的记忆当中，"工匠精神"这个词是在苹果的产品推出之后才开始流行起来的。可以说乔布斯就是"工匠精神"这个概念最典型的代表之一。

在硅谷，人们把乔布斯称为科技界的"恐怖分子"。全球创新设计公司 IDEO 为苹果公司的产品做过设计，他们的老板回忆说："记得有一天凌晨两点，我接到乔布斯的电话，以为是天大的事，结果乔布斯问我，能不能把螺丝钉的材质由不锈钢换成镍……"请你注意这句话里的几个关键词——"凌晨两点""螺丝钉""镍",对细节死磕到如此地步,也只有追求产品极致体验的偏执狂才做得出来。

在不完美中走向卓越

李嘉诚有句名言:"一切伟大的行动和思想,都有一个微不足道的开始。"

很多时候我们不去尝试做某件事的原因不是因为懒,而是认为自己做不好,像写作、公众演讲、用英语对话等,要等到有一天自己的水平拿得出手了,才好意思展示在公众面前。有这种想法的人,可能永远也无法达到"拿得出手"的程度。

用过第一代苹果手机的朋友,或许还记得那些匪夷所思的缺陷,比如待机时间只有一天,信号不好,外壳相当脆弱、一摔就碎,没有"复制粘贴"功能,直到3年之后iPhone 4的推出,才能在手机上进行"复制粘贴"操作,以至于当时的安卓用户是这样讽刺苹果手机的:"3年后,苹果再次掀起了手机行业的重大革命——他们居然推出了'复制粘贴'功能。"

任何伟大的产品或者事业都不是一上来就能做得好的,而是通过不断试错、不断修正、持续迭代才逐渐走向成功的。

关于乔布斯的性格,也是人们津津乐道的话题,他身上有很多标签，诸如粗鲁、偏执、傲慢、好奇、专注、热情、等等，这些标签堆在一起，可以证明一件事：其实乔布斯跟我们一样，是一个有着多重性格的普通人。但是他和普通人最大的差别在于，为了作出心目中最好的产品，可以牺牲几乎所有的东西，如别人的情绪、自己的好恶、舆论的批评，他都可以不在意，因为他的目的只有一个，那就是作出好产品。

39. 营销思维：不用几个心理学套路，都不好意思说自己是卖货的

众所周知，时间、金钱、注意力是我们每一个人最宝贵的三种资源，也是各路商家殚精竭虑想要从我们身上获得的东西。为了更高的销售业绩，商家们往往会不遗余力地研究人的消费心理，制定各种营销策略，从而影响消费者的购买决策。

消费心理学是心理学的一个分支，是一门研究人们在日常消费活动中心理特征和行为规律的学问，也是消费经济学的重要组成部分。了解人的消费心理，不仅可以让自己的消费行为更加科学和理性，还能更深刻地洞察人心、理解商家各种销售套路背后的逻辑。下面我就为你介绍几个生活中比较常见的消费心理学概念。

心理账户

心理账户是芝加哥大学行为科学教授理查德·塞勒提出

的。什么是心理账户呢？简单地说，<u>就是人会根据消费用途的不同，在心里设置很多个不同类型的账户</u>。比如，生活开销账户、医疗健康账户、家庭建设账户、情感维系账户、学习成长账户、休闲娱乐账户等。这些账户虽然同属于一个大账户，彼此之间却相互独立。

至于每个账户里分配多少额度，通常会因人而异。我们会不会作出购买决策，往往不是取决于我们的总账户里还有没有钱，而是商品对应的心理账户还有没有余额。

有一次我在网上看上了一套书，很喜欢，但398元的价格对我来说确实不便宜，想到家里还有很多买了却没来得及看的书，就果断放弃了。几天之后，有一位几年没见的老朋友回国，我请他吃饭，总共消费了458元，吃得很开心，我也觉得这钱花得很值。为什么我宁愿花更多的钱请朋友吃饭，也不愿给自己买一套喜欢的书呢？我并没有特别严重的取悦症，其实根本原因是，这两笔钱来自不同的心理账户，对于当时的我来说，学习成长账户已经透支了，可情感维系账户里的钱还没怎么动过。

很多商品就是通过从客户的一个心理账户跨越到另一个心理账户增加销量的。比如，巧克力在经过精心包装之后，就从生活开销账户进入了情感维系账户；小霸王游戏机改名叫小霸王学习机，就从休闲娱乐账户跳进了学习成长账户；如果一个装修方案号称能帮你节省几平方米的室内空间，你可能就会动心，因为这会让你觉得是在买房的账户上省了钱，而不是在装修房子的账户上花了钱；还有像电脑、手机、iPad 之类的电子消费产品，往往也都是"买前生产力，买后爱奇艺"。

价格锚点

价格锚点是 1992 年托奥斯基提出的概念。他认为，价格锚点通常是作为商品价格的参照物而出现的，当消费者无从判断商品价格是否合理的时候，通常会采取两种策略。

第一种策略是避免极端：面对多款同类商品，人们普遍不会选择最贵或者最便宜的，而是倾向于选择价格位于中间的商品。

第二种策略是权衡对比：当客户看到商品价格的时候，通常会找一个类似的商品进行比较，让自己有一个可衡量的价格标准。

讲一个我买书的亲身经历。有一次我打算买一本电子书，上网一看，这本电子书有三种价格：电子版 9.9 元、纸质版 18.9 元、纸质版 + 电子版 18.9 元，我想都没想就买了"纸质版 + 电子版"。后来我才意识到自己被套路了，那个 18.9 元其实是一个价格锚点，它存在的唯一目的就是让"纸质版 + 电子版"看起来很划算。你看到没有，本来我只想买电子版的，就因为商家在我要买的商品旁边放了一个价格锚点，就让我把纸质版和电子版一起买了回来。

🧠 比例偏见

所谓比例偏见，是指人对价格比例或倍率的感知远比价格的绝对数值更加敏感。

比如，同一款衣服，在一个店卖 250 元，而在另一个店只卖 200 元，你可能会为了便宜 50 元而不惜多走一段很长的路。但对于同一款高端品牌电脑来说，在一个店卖 14999 元，在另一个店卖 14899 元，你大概率不会因为这 100 元的差价而换一个商店去购买。一根 500 元的电脑内存条，对于普通人来说，单独购买的话可能还是有点儿贵，而当你去购买一台价格 1 万元的电脑的时候，销售人员如果对你说，多加一根内存条才几百元，但是能让电脑的性能提高一倍，相信你一定会果断地采纳商家的建议。

🧠 损失厌恶

有一个很常见的心理学现象，叫作损失厌恶。其意思是，一个人在利益上遭受了损失所带来的痛苦，比获得同等价值的好处所带来的快乐要多得多。研究显示，损失给人带来的负面感受比等量的收益所带来的正面感受要高出 2.5 倍。比如，你丢了 100 元的痛苦，得需要捡到 250 元才能平衡；你买的股票从 10 元涨到了 12 元，你会觉得赚了，但如果从 10 元涨到 15 元，又跌回到 13 元，你反而会觉得亏了。我们经常说"希望越大，失望就越大"其实也是这个道理。

围绕这个心理学现象而作出的营销策略比比皆是，如一个网店给商品的标价是"100元包邮",往往就比标价90元但需要买家自掏邮费更有吸引力;你去影楼拍婚纱照,打算拍一个20张照片的套餐,拍完之后,销售小姐姐通常会把100张样片放在你的面前,让你一张一张地排除,排除一张她就会在样片上画一个大大的叉,强化你的损失心理,最后你拿到的肯定不止20张照片。

目标设定

这一招在虚拟产品上用得比较多,心理学家和游戏设计师们都知道,经常给用户设定一个个较小的、短期内可以达到的目标,这样更能激励用户继续使用产品。

比如,Uber平台很多网约车司机都会给自己每天的工作任务设定一个目标,如今天挣够500美元就收工。Uber公司为了延长司机的工作时间,服务更多的用户,就利用了司机的这个心理,制定了很多和目标相关的策略。每当司机准备下线收工的时候,Uber的司机端App就会蹦出一行提示:"你今天距离300美元的收入就差20美元了,要不要继续?"而且那个写着"Yes"的按钮已经被提前选好了。

根据不同的人,Uber当然也会制定不同的目标策略,对于行驶里程数较少的人,Uber会让你跟自己比,它会提示:"还有10美元你就超过昨天100美元的收入了,要不要继续?"对于行驶里程数较多的人,Uber会设置让司机之间进行横向比较,比如,"再行驶20千米,你今天的收入就超过 90% 的同行了",这就跟 360 杀毒软件帮你和别人对比开机速度一样。

相关的商业案例还有很多,我们需要在生活中慢慢总结体会。但总的来说,在商业策略中加入心理学以及行为经济学元素,早已经是商业世界的标配了,因为凡是有利润的地方,对人的研究也是最广泛、最深入的。作为消费者,这些策略我们可以不用,但要想不被套路,还真的不能不懂。

40. 创新思维：打造优秀的产品，首先要建立"系统创新思维"

产品创新，是近几十年来各行各业一直都在倡导的精神，国家也大力提倡"大众创业、万众创新"，因为无论是企业发展，还是社会进步，抑或个人成长，都离不开创新精神。

但创新行为的本质，不是重新发明创造一个新事物、新观点、新思想，而是对已经存在的东西进行拆解，再将它的基本要素进行重新组合的过程。<u>创新思维是一种有逻辑、有套路的思维方式</u>。

世界上创新能力最强的国家是以色列，以色列国家创新研究院常务理事阿姆农·列瓦夫曾说："创新是可以复制的，灵感是可以生产的。"他和合作伙伴们一起提出了著名的"系统创新思维"。

🧠 创新的定义

系统创新思维对创新是这样定义的：创新是个体根据一定目的，运用一切已有资源，生产出新颖、有价值的成果的行为。注意这里面有两个关键词，分别是"新颖"和"有价值"。只要满足这两点，就是在创新。

先说什么是"新颖"。"新颖"并不是指其他人从来没想到过的方案，这种情况出现的概率是非常小的，而是别人已经知道，但没有在你的领域中应用或者实践过的创意。

经济学家熊彼特从商业角度把创新行为分成以下五个大类。

第一类，产品创新，也就是创造新产品。比如，字节跳动开发了抖音短视频 App。

第二类，工艺创新，也就是创造新工艺。比如，福特公司第一次用流水线的方式生产汽车。

第三类，市场创新，也就是开拓新市场。比如，把王老吉定位成一款去火的凉茶。

第四类，要素创新，也就是纳入新的生产要素。比如，特斯拉给汽车装上了电池。

第五类，制度或者管理上的创新。比如，稻盛和夫的阿米巴管理模式等。

再说什么是"有价值"。新奇的东西很多，任何人在任何时刻都可能会有一些与众不同的想法，但未必都是创新。判断一个新事物算不算创新，最重要的标准，是看它能否带来价值增量，是不是对别人有价值。创新所带来的"价值"包含以下三个要素：

第一，省钱。比如，微信视频/语音通话，省了通信费；360，省了买杀毒软件的钱；等等。

第二，省时间。比如，滴滴出行，省了等车的时间；搜索引擎，省了查找信息的时间；购物网站，省了逛街的时间；等等。

第三，更好的体验。比如，3D电影比2D电影有更好的体验，等等。

任何一种创新，都至少会满足以上三要素中的一个，但如果能同时满足两个或者三个要素，将会创造出更大的价值。总之，创新的本质就在于"创造价值"。

创新的策略

绝大多数产品创新，都是基于以下五种策略制定的。

第一，迁移策略。把别人的好创意、好方法直接拿过来，与自己已有的资源相结合，形成一种新的解决方案。

中国海派书画名家程十发曾说，画中国画，应该首先解决"古为今用"的问题，先继承发扬民族文化遗产，这是决不能丢掉的。在此前提下，吸收外来艺术的长处，不要拿"洋为中用"去冲掉"古为今用"。程十发这样说也是这样做的。他对中国画传统进行了系统梳理、深入解读，得之于传统而又区别于传统；他学习西方艺术，不是为了用毛笔画油画，而是为了追求"创新"，从西方艺术中汲取可以辅助或补充中国画发展的元素。从《神女图》中便可看到程十发的"古为今用""洋为中用"。《神女图》的构图方式可以追溯到古典绘画，程十发则将其完全转化为自己的图式。

第二，加法策略。将目前已有的两个或多个单一的产品元素组合起来，形成新的产品。

20世纪70年代初期，X射线技术和计算机技术都成熟了，诺贝尔生理学或医学奖获得者豪斯菲尔德就把这两项技术结合在一起，发明了CT扫描仪。

第三，减法策略。把产品中的某一个元素去掉，让剩下的元素成为一个新的产品。比如，把有线耳机的线去掉，就有了无线耳机；把博客文章从不限字数减少到140个字，就有了微博；把早期功能手机中的键盘去掉，就有了没有键盘的智能手机；等等。不过这里需要强调的是，删掉的部分在产品中应当既不是最核心，也不是最无关紧要的功能。

第四，乘法策略。对产品的某一部分进行复制，再重新整合到产品当中。比如，宝洁公司曾经尝试在一瓶空气清新剂里面放入两种不同味道的香水盒，将除臭剂和清新剂放在同一个瓶子里，这样就能交替使用。结果新产品的销量几乎是其他空气清新剂的两倍。类似的例子还有三路灯泡、多锋剃须刀等。

第五，除法策略。将产品中的某一部分分解成多个要素，再用新的方式将它们重新组合。比如，盒装牛奶是由纸盒、牛奶、不同口味的香料和吸管组成的，如果把香料和吸管组合在一起，只要用不同口味的吸管就能喝到巧克力味、草莓味的牛奶了。人们把这种吸管称为"神奇吸管"。再比如，以前人们只有在柜台办理值机手续的时候才能打印登机牌，后来机场逐渐将打印登机牌的职能分离了出来，就有了自助值机系统。银行的 ATM 机也属于这种类型的创新。

💡 创新的途径

如果只靠某个聪明人拍脑袋想，也许偶尔能想出个好点子，但是很难长期稳定地产生新创意。真正可靠的创新途径通常有以下三种。

第一，在某个领域持续地深耕。

创新需要灵感，但灵感不是天生就有的，而是源于在某个领域的长期积累以及持续深耕，在不断解决小问题的过程中形成大创新，用量变带动质变。那种没有任何经验，一上来就想颠覆整个行业的想法非常幼稚，没有积累和付出就不会有真正的创新。

第二，乐于分享。

有了好的创意和想法别藏在心里，拿出来给大家用，不仅可以帮到人，还能在别人的使用过程中获得反馈、发现问题，在不断的改进中获得新创意。

第三，沟通与互动。

据说苹果公司的食堂有一种特殊的设计，每个人从排队到打上饭大约需用4分钟的时间，目的就是让不同部门的员工利用排队的时间进行沟通交流，通过不同思维方式的碰撞产生创造性的想法。

41. 借力思维：解决问题的钥匙，一定不在问题产生的地方

在如今的商业环境下，无论是企业销售产品还是个人出卖技能，凡是能卖出高价格、获得超额垄断利润的，普遍有一个特点，那就是这个东西整个市场上只我一家有，在别处买不到，也就是产品和服务具有稀缺性。要想创造出这种稀缺性，通常有以下三个途径。

🧠 社会发展的红利

近几十年来，随着中国经济的快速发展，每过几年就会有一次商业风口，风口来的时候整个市场就像一片没人收割的庄稼，只要你抓住机会，就能创造出一种暂时的稀缺资源，从而获得高额的人口红利。但问题是，这种状态并不会持续很久，当别人也意识到这是个机会并且大量涌入的时候，就会把这个行业的整体利润率拉回到市场平均水平。况且，谁也不能保证每次都能踩到风口上，这种机会可遇不可求。

🧠 利用信息不对称

在我小的时候，家附近有个特别大的批发市场，里面做生意的大多是南方人，他们把南方的商品和特产运到北方来卖。那个时候没有互联网，交通又不发达，这些东西北方人很难买到，所以在那个年代做买卖很赚钱，这一类商业的本质就是利用信息的空间不对称来获利的。

日本软银资本的创始人孙正义有个"时光机"理论，就是把美国先进的商业模式，等到时机成熟的时候，在日本、中国、印度等发展相对滞后的国家再做一遍，从而在这些国家取得先发优势。这种商业模式就是建立在信息的时间不对称基础上的。

然而，随着互联网在全世界范围内的广泛普及，这两种信息差越来越小了，很难再有这种机会。

💎 优化现有的产品或者业务

在创投界，有个知名投资人讲过一句发人深省的话，他说，<u>创业要想成功，就得做从来没人做过的生意</u>。可能会有人问，现在哪儿还有没人做过的生意呢？他讲的其实不是这个意思，所谓"从来没人做过的生意"指的是把<u>老生意用新模式再做一遍</u>。比如，火锅店到处都有，但海底捞就一家；出租车满大街都是，但滴滴的出现大大提升了用户的租车体验和资源利用率。

现在全国上下，大到国有企业，小到摆摊开店，喊的口号都是创新。因为社会发展到今天，低垂的果实基本上都已经被采摘完了，只有不断地精耕细作、推陈出新，才能在快速变化的市场环境中取得竞争优势。

那我们怎样才能拥有强大的竞争优势呢？可以运用借力思维，用交叉视角实现跨界思维和创新思维。很多时候，我们之所以觉得创新很难，往往是因为我们的思考方式被固有的思维框架限制住了，只知道用自己习以为常的逻辑去思考和解决问题。而创新就是需要你经常跳出原来的思维框架，到其他领域去寻找答案。

19世纪70年代，西方国家新生婴儿的死亡率常年居高不下，这个问题一直困扰着医学界。当时有个名叫史蒂芬·塔尼的妇产科医生，有一次在休假的时候来到了动物园，偶然看到饲养员正在用一种孵化器来孵化小鸡，可以在很大程度上提高小鸡的成活率。他突然想到，这种孵化器或许同样适用于新生婴儿。于是他聘请了这位饲养员，两个人合作研制出了一种婴儿恒温箱。据统计，从1950年到1998年近50年的时间里，这种婴儿恒温箱的普及让美国新生婴儿的死亡率降低了75%。值得深思的是，这个困扰人类很多年的难题竟然是在动物园里找到答案的。

到此，这个案例并没有结束，既然婴儿恒温箱这么好用，当然要向更广泛的人群普及。可是当人们把这种婴儿恒温箱向一些条件比较落后、婴儿死亡率更高的第三世界国家推广的时候，人们发现这种设备并没有起到什么作用，因为有两个难题解决不了。一是成本太高，每台婴儿恒温箱要花4万美元，很多小医院都买不起。这还不算什么，第二个难题更为麻烦，即这种设备比较复杂精密，越精密的设备往往越脆弱，落后地区电压不稳、湿度太高，这种婴儿恒温箱特别容易损坏，一旦损坏，在当地很难找到专业的维修人员和维修设备。

但这两个问题最终还是被解决了，解决问题的人是一个叫罗森的医生。他发现，任何一个发展中国家，都具备对汽车进行维护和修理的能力，即使其他电子设备都用不了，也能保证让汽车正常上路。于是，他决定用汽车上的设备对婴儿恒温箱的内部结构进行改造。他用旧车的车头聚光灯给恒温箱供暖，用汽车仪表盘的风扇给恒温箱通风，用汽车电瓶提供动力，用车门的蜂鸣器做报警系统，以便在设备出问题的时候提醒医护人员。经过一系列改装之后的婴儿恒温箱，不仅制造成本低，而且只要会修汽车的人就会修，这一创新最终挽救了无数婴儿的生命。

总而言之，在一个行业中无法解决的难题，也许在另一个行业早就有了答案，正等待着你去探索和发现。所以，当你翻来覆去都想不出解决方案，费了好大的劲儿都没有突破和进展的时候，不妨先将问题放一放，出去走走放松一下心情，或者找人聊聊天，也许会有意想不到的收获。

心理学上有一个发现，就是当你正在关注一件事情或者思考一个问题的时候，突然停下来把它放到一边不去想它，或者干点儿别的事情转移注意力时，其实你的大脑并没有停止对它的思考和关注，它一直都在你大脑的后台运行，只是你感觉不到。当你转做其他事情的时候，可能会获得新的灵感。

不知道你还记不记得，当年小学老师经常叮嘱我们，考试的时候要先把卷子上所有的题目快速看一遍再开始答题。为什么要把所有的题目先看一遍呢？做哪道题的时候再看哪道题不是更节省时间吗？原因是卷子上的题通常越到后面越难，有的题需要思考很久，发下卷子来先过一遍，先对那些难题有个大概印象，当你在做前面简单题的时候，大脑会同时在后台思考那些难题，等你做到这些题的时候思路可能已经有了。这样做可以节省思考时间，提高答题速度。

总之，用其他领域已经成熟的方案来解决当前领域中遇到的新问题，是一种普遍而有效的借力思维，是解决问题过程中的一种底层心法和思考逻辑。

42. 承启思维：产品创新并非脑洞越大越好，好创意要先继承再突破

在人类文明的发展进程中，出现过很多新思想、新产品、新技术，它们在推动社会进步的同时，也给我们的日常生活带来了极大的便利。而这些新思想、新产品和新技术，普遍都有一个规律，就是它们都是基于当时的环境和条件，从某个成熟的事物当中继承了一部分特性，同时又进一步优化和发展了这个母体。也就是说，任何事物的升级迭代，都包含继承和发展两个部分，二者缺一不可。

我们小时候都喜欢听英雄故事，所以总是倾向于把一些伟大的发明创造归功于某个英雄人物，如爱迪生发明了电灯，莱特兄弟发明了飞机等。可实际上，电灯不是爱迪生发明的，他只不过是改良了电灯；第一个造出飞机的，也并非莱特兄弟，他们只是最早尝试飞行的人。用牛顿的话说，"我们之所以能看得更远，是因为我们站在了巨人的肩膀上"。其实这句话的来历也在某种程度上证明了它所要表达的观

点，因为这句话并不是牛顿的原创，而是牛顿从一个名叫乔治·赫伯特的人那里听说的；乔治又是从罗伯特·伯顿那里听来的；甚至罗伯特也不是这句话的原创者，他是引用了一位西班牙神父所说的话，这个神父的原话是："我们都是站在巨人肩膀上的侏儒。"

由此可见，无论是爱迪生、莱特兄弟还是牛顿，他们的创新都是继承并发展了原先已有的某个事物。

我们都知道哈根达斯原是美国的冰激凌品牌。在刚刚进入中国的时候，哈根达斯如果直接宣传自己产品的独特卖点，中国人未必能很快接受。当时正赶上中秋节，哈根达斯专门制作了一种冰激凌月饼作为进入中国市场的第一款主打产品，结果一炮打响，树立起了良好的品牌形象。这个策略之所以成功，是因为它一方面借助了中国传统文化的力量，另一方面又丰富了人们在中秋时节的饮食体验。

类似的案例还有很多。比如，仔细观察你会发现国内所有银行的标志都是圆形的，因为中国古代的铜钱就是圆形的，可以说银行标志部分地继承了中国传统的货币符号。无论哪个品牌的手机，里面用来接打电话的 App 图标上，都会有一个老式的座机电话图案。

关于产品创新，美国工业设计之父雷蒙德·洛威也表达过类似的观点。洛威曾经为壳牌石油、灰狗巴士、空军一号等做过产品形象设计，在其职业生涯中，他几乎以一己之力左右着 20 世纪美国人的审美观。他的观点可以用一个公式来表达：喜欢 = 熟悉 + 意外。意思是，如果你要想让别人喜欢你的创意，里面既要有大众熟悉的元素，又要有出乎意料的元素。因为如果全是熟悉的内容，会很容易让人审美疲劳；若全是新发明，又会让人难以接受。如果你一定要做新奇、有创意的事情，最好能在其中加入一些熟悉的元素，在新奇和熟悉之间找到一个最佳的平衡点。最理想的效果，就是你的设计既要大胆创新，又要有一些人们熟悉的东西在里面，这个原则被称为 MAYA（Most Advanced Yet Acceptable）原则。

有人在科研领域做过一个实验，实验人员把创新程度不同的多个研究课题交给专家组评审，以便分配科研经费。结果在这些课题当中，打分最低的恰恰是那些观点全新的课题，而最容易获得经费的，是那些在已经很成熟的观点的基础上作出改良性创新的课题。

类似的现象也发生在风险投资领域。据统计，如果创业者的创业意向过于新奇和颠覆，通常投资人是不会出钱的，因为他们根本看不懂。最容易拿到融资的，是那些把已经在某个领域中被认为是可行的商业模式用到另外一个领域的项目。

我以前听过一种说法，如果你想加深女伴对你的感情，可以偶尔带她去一些比较陌生的环境，这种行为本质上也是 MAYA 原则的现实应用。MAYA 原则有点类似于"刻意练习"中"学习区"的概念。心理学家把人对外界事物的感知分为舒适区、学习区和恐慌区三个层次，无论是刻意练习，还是生活、工作、娱乐，都只有在学习区才能取得最好的效果。

总之，继承是创新的基础，任何一种创新，如果没有建立在已经被广泛接受的事物或者文化母体上，就难以生存，而且还要以此为基础发掘自身的独特性，反过来为母体赋能、优化母体，最终才能得以发展壮大。<u>最容易被人接受和喜欢的东西，几乎都在熟悉和新奇之间找到了微妙的平衡。</u>

43. 遍历思维：好创意未必来自聪明人的灵感，最笨的办法往往是最好的

在产品创意这件事上，最笨的办法往往就是最快、最好的方法。所谓最笨的方法，就是把所有可能的方案都试一遍，然后逐个排除错误的选项，再从失败的反馈中不断完善和发展自己的方案，迈着稳妥的小碎步，慢慢接近成功。

联合利华曾经研发出一款喷雾式空气清洁剂，产品一经推出，广受市场欢迎，销量非常高。这款清洁剂最精妙的地方就在于其喷嘴的设计，既美观又好用，当然现在已经很普遍了，可当时的市场上还不曾出现过这种设计。有很多同行想知道这么精巧的设计是出自哪位天才之手，就专门到联合利华的工厂去参观考察。出乎所有人意料的是，这款产品并不是来自某位专家或者天才的奇思妙想，而是大家试错试出来的。

最开始的时候，联合利华的工作人员总共设计了 10 款喷嘴，然后一个一个地测试，找出其中最好用的那一个；第

二代产品又以第一代产品为基础，再作出 10 种改进方案，并找出最好用的一款……就这么迭代了 45 次之后，才演进出这种令业界惊叹的喷嘴设计。

还有一个故事，是我最近几年来感触最深的故事，是毕淑敏在她的著作《恰到好处的幸福》一书中所讲述的一件真事。

在很多年以前，美国的一个园林管理部门在报纸上刊登了一则消息，他们要面向全国征集一种白色的金盏花。那个时候，金盏花只有金黄色和棕色两种，很少有人见过白色的，消息指出如果有人能提供白色的金盏花，将会得到一大笔奖金。

在某个小镇上，住着一位老奶奶，平时没事的时候就喜欢种一些花花草草。有一天她在报纸上偶然看到了这个消息，就来了兴致，很想尝试一下看自己能不能种出这种白色的金盏花。她先跟自己的孩子和老伴商量了一下，结果遭到全家人的一致反对，家人说这种东西连很多专业人士都种不出来，你仅凭业余爱好怎么可能种得出来呢？

虽然没有得到家人的支持，但是这位老奶奶并没有放弃，她决定一个人去做这件事。

第一年，她在自己的花园里撒满了金盏花的种子，结果长出来的全都是金黄色的金盏花。在这些金黄色的金盏花里面她找出了颜色最浅的一朵，然后把它的种子留下，剩下的花就全都不要了，任其枯萎。

第二年，她把留下的种子种下去，长出来的依然是金黄色的金盏花，但颜色普遍比去年浅了那么一点点。她像去年一样依然在这些花当中找到颜色最浅的一朵，留下它的种子，等来年再种。

就这样一年又一年过去了，老奶奶的生活发生了很大的变化，丈夫已经去世，儿女们也都离开家独自去生活了。唯一没有改变的，是老奶奶对种植白色金盏花的坚持。

等到第二十年的时候，她的花园里终于长出了一朵白色的金盏花，在阳光下开得鲜艳灿烂，这不是那种近似白色或者看起来很像白色的花，而是如银如雪的纯白色的花。

都过去这么多年了，老奶奶不知道政府的园林部门是否还需要这种白色的金盏花，于是就打电话问了一下，工作人员给她的回复是白色金盏花还是需要的，但因为时间过去太久，奖金是不能兑现了。在挂掉电话之前，老奶奶又追问了一句："你们还要黑色的金盏花吗？我也能种出来……"

在这两个案例里面，无论是联合利华的喷嘴设计还是老奶奶种植的白色金盏花，我认为至少有三点是特别值得我们学习的。

第一，创新行为未必是那些最聪明的人灵感乍现想出来的，很多时候最笨的办法往往是最有效的，所以一个人是否具备创新能力，其实跟他的智力水平没有必然的关系。

第二，如果你想要创造出一款比现有的产品更惊艳、更伟大的产品，首先你要在这个领域深耕很多年，你要对这一类产品或者这方面的业务有着深入的理解和长期的积累才行，想要一上来就做出一个好东西，基本上是不现实的。

第三，任何伟大的产品都不是一次创造出来的，要经过不断的调整、打磨、修改、迭代才能成功。

总之，好创意未必来自聪明人的灵感，最笨的办法往往是最好的。这就是遍历思维的妙处。

44. 柔道思维：如何在商业竞争中战胜比自己强大的对手

在激烈的竞争中，实力往往是决定胜败的关键因素，多数情况下，实力强的一方胜面会更大一些，这几乎是一个不争的事实。但这个世界的奇妙之处就在于，凡事并没有绝对，在几千年的人类历史当中，无论是在军事、商业上，还是在赛场上，从来都不缺少以弱胜强的案例。

"以弱胜强"出现最多的地方，就是在柔道比赛当中。柔道是一项靠技术取胜的运动，哪怕你身材瘦小，只要技术运用得好，照样可以把"大块头"摔倒在地。不同事物的规律在底层是相通的，柔道中的很多方法和技巧在其他领域也都是适用的。

哈佛商学院的教授大卫·尤费对柔道这项运动进行了深入研究，并将运动员在比赛中常用的技术与商业案例相结合写成了一本书，叫作《柔道战略》。在这本书中，他总结了以弱胜强的三个原则。

🧠 移动原则

所谓移动原则，是指在比你强大的对手面前，不要一上来就硬碰硬地跟对方正面交锋，而是要通过不断地移动来延缓对方的进攻，寻找对手的弱点，等待合适的时机。也就是说，在自己还很弱小的时候，要注意隐藏和保护好自己，不要过度声张，否则就会招来对手的攻击，让自己处于被动的境地。

在美国的科技发展史上，出现过一家名叫"全美达"的公司，这家公司的主要业务是生产计算机芯片，竞争对手是芯片巨头英特尔。

当其他公司都在大肆宣传自己产品的时候，全美达却反其道而行之，采用了一种保密的运作方式：没有官方网站，不接受任何媒体的采访和曝光，甚至连公司的联系方式都不对外公开。

可有意思的是，他们越是低调，业界就对他们越感兴趣，也因此吸引了很多高级人才加入。

5年之后，当全美达开发出更低功耗的微处理器的时候，他们才开始主动宣传自己的产品。结果不鸣则已，一鸣惊人，全美达的微处理器功耗比英特尔低好几倍，这使得他们的市场份额迅速扩张。

全美达高层在接受采访时说："如果一开始，我们就为自己的产品造势，吸引业界的关注，那么英特尔一定会推出同类型的产品，凭借其强大的品牌影响力，将我们彻底压制。"

虽然现在全美达已经与其他公司合并，但作为移动原则的成功案例，其依然值得我们学习。

无论是一家创业公司面对激烈的市场竞争，还是个人在职场上打拼，要想生存下来，就要以较低的姿态起步。当自己还弱小的时候，要等待时机、蓄势待发，当对手发现大事不妙的时候，再想打败你为时已晚了。

平衡原则

面对比自己强大的对手，谨慎一点儿是必要的，但也不能一味退缩，在防守的同时，也要保持自己的节奏与平衡，不能因为对方的强势而自乱阵脚。

在个人或者商业竞争中，<u>平衡原则主要是通过合作来实现的</u>。当自己还弱小的时候，要想不被竞争对手打败，最稳妥的办法就是让自己有利用价值，再通过拉拢对手或者转移竞争的方式，让对方有利可图，从而使对方无视你的威胁卸下防备。

微软公司创立初期，比尔·盖茨得知 IBM 公司想要开发一款操作系统，于是花 5 万美元从一个叫基尔达尔的人手里买下了 DOS（Disk Operation System，硬盘操作系统），稍作修改之后，将其更名为 MS-DOS，然后转手就卖给了 IBM。从此微软的操作系统就伴随着 IBM 的电脑被卖到了全世界。由于 MS-DOS 系统的兼容性做得非常好，能安装在任何品牌的电脑上，最终成了一款世界通用的操作系统。这也为后来微软的崛起打下了坚实的基础。

互联网刚兴起的那几年，雅虎是全世界最大的门户网站，为了提升搜索引擎的效率和体验，雅虎引入了 Google 的关键词搜索技术。最多不过两三年的时间，人们登录雅虎就都是冲着 Google 搜索去的，不再使用雅虎的其他功能。后来的事情大家都知道了，Google 如日中天，而雅虎却逐渐走向没落。

这就是世界运行的基本规律，多数情况下凡是一上来就要干大事的，几乎都不会有什么好结果，任何一个伟大的人物或者一项伟大的事业在成功以前，都有一段在别人看不到的地方快速成长的经历。

杠杆原则

所谓杠杆原则，简单地说就是<u>借力打力</u>，将对手的优势转化为自己的优势，用<u>最小的代价撬动最多的资源</u>，以达到四两拨千斤的作用。

在百事可乐崛起之前，可口可乐公司一直都是美国饮料市场的统治者。面对这个巨无霸，百事可乐采取的策略很简单，就是加量不加价，同样的价格，百事可乐的量比可口可乐多一倍。由于当时正处于经济大萧条时期，这个策略让百事可乐销量大增，不到 3 年，就在美国饮料市场中站稳了脚。那你可能会问，可口可乐就不会增加容量吗？很难，可口可乐直到22年之后才更换了包装。这是为什么呢？因为当时他们有着近千家饮料瓶供应商，这些供应商在生产饮料瓶的设备上投入了大量资金，很难在短时间之内作出改变，这导致可口可乐在这个点上只能被百事可乐摁着打，一点儿还手的能力都没有。因此，我们可以看到，很多大公司的规模优势，往往是以失去灵活性为代价的。

20世纪80年代，瑞典的爱生雅公司推出了优质低价的纸尿片产品，打破了宝洁公司在同类产品中的垄断地位。作为反击，宝洁发出了铺天盖地的优惠券，试图以低价来赢得竞争。没想到爱生雅借此机会宣布了一个消息，宝洁的优惠券也可以用来购买爱生雅的纸尿片，这么一来，宝洁发的优惠券越多，爱生雅的销量就越大。

从以上移动原则、平衡原则、杠杆原则来看，柔道战略的精髓就在于不断地寻找一个着力点，将对方的优势转化为自己的优势。其实在其他领域的角逐也是如此，只要能拿出不卑不亢的态度，善用自身的优势和长处，在任何强大的对手面前，都有取胜的可能。

45. 风险思维：稳定是最大的风险，爱折腾反而更安全

最近几年，我发现职业转型现象十分普遍。一方面，可能是因为稳定的工作越来越少了；另一方面，大多数人只有在工作了几年之后才知道自己更适合做什么。所以，如果你也有职业转型的想法，请相信我，你并不孤独。

其实无论一个人是想转行还是想创业，大多都是因为在当下的工作中遇到了瓶颈或者碰到了天花板。有想法很正常，但究竟是选择尽快行动还是选择继续观望，还要综合考量很多因素。

风险

在人的一生当中，所有重要的决策都会面临比较大的风险，无论是转行、创业，还是结婚、买房，都是如此，在作决定之前，首先要考虑的是个人的"风险偏好"。

所谓风险偏好，就是一个人对可能出现的风险有多大的

承受能力。人和人的风险承受能力是很不一样的，需要根据自身的情况作出判断。

就拿职业转型这件事来说，转行不一定都能成功，失败了怎么办，你有没有应对方案？就算你转型成功了，也很有可能在相当长的一段时间里收入降低甚至没有收入。如果你一个人吃饱了全家不饿，或者配偶的收入足以维持家庭的支出，那么这样的风险对你来说就是可以承受的。即使最后没成，大不了还可以做回原来的工作，而且这段经历还丰富了你的人生阅历，所以并没有太大的损失。但是，倘若你一家人的生计全都仰赖于你目前的收入，那就要谨慎行事，毕竟家庭的责任更重要一些。

用一句话来总结，就是如果这件事彻底失败了，你是否可以完全承受。这是评估一个人风险承受能力的重要标准。

安全感

根据马斯洛的需求层次理论，人对安全的需求是排在第二位的，仅次于生理需求。

人总会本能地追求安全感，不仅希望自己安全，也希望自己的亲人是安全的。这就是为什么每当我们作出一个冒险的决定的时候，如辞职考研、卖房创业、离开家乡去大城市闯荡等，周围总是有很多反对的声音，因为这些事让人一听就感觉很没有安全感。

但是，人在潜意识里对"安全感"这个概念的理解经常犯两个错误：一是认为不变就是安全；二是觉得只要现在是安全的，未来也一定安全。可实际情况是，你只有不断地成长才能获得未来的安全感，而成长却需要你在某种程度上放弃当下的安全感。

自然界中几乎所有的低等动物的眼睛都是长在两侧的，这样可以让它们全方位无死角地观察到周围的动向，从而能在最大程度上确保它们在当下的环境中是安全的。而有些物种却放弃了这种安全感，让双眼从两侧进化到了前面，虽然有了视觉盲区，但好处是这样它们就可以将目光聚焦在一个点上，能够对眼前的事物进行长期、深入的观察，也因此它们最终进化出了大脑皮层，升级为高等动物。

对人来说也是一样，如果一味地追求百分之百的安全感，那么结局必然只能是被困在永恒的当下。现在社会变化太快了，新技术在不断地冲击传统产业，在北京的中关村，中小企业的平均寿命还不到 1 年，在全国范围内是 2.97 年。互联网让行业之间没有了边界，你的竞争对手和抢你职位的那个人，很可能并不是来自同一行业，而是从其他行业跳过来的。

所以，如果不积极改变思维方式，跳出舒适区，早晚会被历史的车轮无情地碾压。用张泉灵的话说就是，时代抛弃你的时候，连一声再见都不会跟你说的。

职业转行并不意味着从头开始

一说到转行,总是给人一种从头开始的感觉,好不容易在老本行里积累了 10000 个小时,就这么舍弃了岂不是很可惜?其实并不是。

通常,人在一个行业里的工作能力可以分为三个层次,分别是知识、技能、才干。

所谓知识就是行业里的专业基础;技能就是相关的工作方法、流程;才干,则是在工作多年之后所形成的思维能力、洞察力、判断力以及解决问题的能力。比如,对于掌握了一门外语的人来说,他的词汇量就是知识,听、说、读、写是技能,而学习一门外语的能力就是他的才干。

转行之后,才干和底层能力是可以迁移的,是丢不了的,你只需要弥补新领域中的基础知识和基本技能就可以了。这就是为什么有的人在一个行业里作出了成绩,就算跳到另一个完全不相干的领域,也能成为顶尖高手。比如,对于学精一门外语的人来说,后面再学习第二种、第三种语言的时候会感觉越来越容易。

日本作家大前研一是核物理学博士,后来他把做科研的能力用在了企业管理上,成了日本著名的管理学家和经济评论家。

中国明朝大儒王阳明,本来是个读书人,竟然也能在战场上所向披靡,建立战功,在用兵和军事上取得了极高的成就。在他写给弟子薛侃的信中,有句话是这样说的:"破山中贼易，破心中贼难。区区剪除鼠窃，何足为异？"意思是，战胜自己比战胜敌人更难，虽然自我修炼和行军打仗、铲除贼寇不同，但人性都是一样的。如果能战胜自己，用同样的方法对付窃贼是绰绰有余的。

虽说隔行如隔山，但不同领域的底层逻辑大多是相通的。所以无论你现在做的事情是什么，无论喜欢、擅长与否，只要用心去做，一切努力都不会白费。相反，以混日子的心态做事，不管换到哪个行业，都注定会失败。

第七章

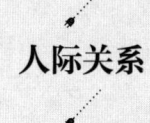

人际关系

> 一个人永远不要靠自己一个人花 100% 的力量,而要靠 100 个人花每个人 1% 的力量。
>
> ——比尔·盖茨

46. 反射思维：人际关系的本质，是你与自己的关系

在我们的一生当中，顺境和逆境总是交替出现的，相信很多人都有过这样的境遇：当自己处于顺境、迈向人生巅峰的时候，周围的人会更喜欢你，对你笑脸相迎，跟你称兄道弟；可一旦当你遇到挫折、陷入困境、跌入人生低谷的时候，很多朋友弃你而去了，有的甚至唯恐避之不及。

于是你开始感慨人生、怀疑人性，瞬间就变成了人性大师，像"穷在闹市无人问，富在深山有远亲""遇到困难才知道人性的丑恶""人都喜欢锦上添花，却不愿雪中送炭"等句子顿时就涌上了心头，仿佛只有你的头顶在下雨，在这个世界上自己就是一座孤岛，找不到值得信任的人。

不知道你有没有仔细想过，当这样的状况发生在你身上的时候，一定都是因为别人薄情寡义吗？还真未必。

不可否认，在跟人交往时，我们都会遇到一些精致的利己主义者，他们趋利避害、背信弃义，只跟对自己有益处的

人交往。但是你要知道，不管别人再怎么不好，对你造成的影响都是非常有限的，你看到的世界是什么样子，取决于你自己。其实这个世界还是好人占多数，如果平时对你还不错的人在你失意的时候大多对你不那么好了，问题可能不在别人，而是出于你的消极心态。

消极心态也叫负面情绪，在刚开始的时候，可能来自你工作或者生活上的不如意，如失业、失恋、人际关系的掣肘、考试没通过等。

这些负面情绪会让你总是关注身边人的负面行为或者动机，在这种负面情绪的驱使下，别人的一个没有恶意的行为，都可能被你过度解读成有意为之，这使得你对别人的态度也会变得负面；这样的态度又会影响到你身边的人，让他们觉得这段时间的你很难相处，于是他们就选择暂时疏远甚至离开你，而你就会感到更加孤立无援，最终得出一个看起来"自洽"的结论：在你辉煌的时候，朋友聚拢在你周围；在你落魄的时候，所有人都会远离你。但是其实这很可能是一种错觉。

人和人之间的关系有一个很微妙的地方，就是你认为对方是什么样的人，他就真的会成为那样的人；同样，不管你如何看待一件事情的好坏成败，大概率上，这件事也将会按照你所预期的方向发展。在心理学中，这种现象叫作"罗森塔尔效应"，又叫"自我实现的预言"。

什么是罗森塔尔效应？

1968年，哈佛大学的心理学家罗森塔尔和雅各布森做了一个实验。他们来到一所小学，对学生们进行智商测试。测试结束后，实验人员根据智商的高、中、低三等，把学生分成三个组，将每个组的学生名单交给校方，并要求学校对学生和家长保密，只让老师们知道每个学生的智商状况。实际上，罗森塔尔和他的团队并没有真的做智商测试，三个组的学生都是随机分配的。这次实验之后，老师们普遍对"高智商"组的学生寄予厚望，经常让他们完成一些更有挑战性的学习任务，即使当时做得不好，也依然认为他们是很有潜力的，只不过暂时还没能发挥出来而已。

时间大概过了8个月，罗森塔尔团队再次来到这所学校，调查上次参加实验的所有学生的学习成绩，结果发现那些被安排在"高智商"组的学生，平均成绩比另外两个组高出一大截，而且在自信心、求知欲等方面也更加突出。可实际上，这些学生的智商跟其他人相比并没有过人之处。

罗森塔尔将这个现象称为"权威性谎言"。其意思是，如果你在别人面前有一定的权威，如你是领导、老师、家长等，那么你认为对方是什么水平，他们最终就会表现出什么水平。

能够证明这个结论的实验不止一个。

20世纪70年代，有人在大学生当中做过一个相亲实验。

研究人员来到一所大学，找来一些学生，男女生各占一半，让一个男生和一个女生为一组。男女生通过电话进行相亲，男女双方之前从未见过面，并且要求他们在相亲的过程中也不能见面。

在实验正式开始之前，实验人员给每个男生发了一张美女的照片，告诉他们这就是你电话另一头的相亲对象，实际上这些照片都是研究人员从别处找来的。在得知自己的相亲对象是个"美女"之后，这些男生在通话时的态度果然就像对待"女神"一样。但这并不是重点，实验人员最想知道的，是电话另一头的女生是怎么表现的。

而这些女生也没让人失望，表现得还真就像个女神似的，语气温和，彬彬有礼，一副善于交际、讨人喜欢的样子。

这就是人际关系中的"正反馈"，你觉得他很好，他就会像你认为的那样表现得很好，他表现得越好，你就会更加觉得他好。

又比如，在工作中你深得领导的信任和赏识，领导经常给你安排一些光荣而又艰巨的任务，还邀请你参加各种重要的高层会议。正所谓"士为知己者死"，你会因为害怕辜负领导的这份心意而加倍努力地工作，要以实际行动来报答他的知遇之恩。最终，你就真的成了一个值得被信任、被重用的人。

当然，凡事总有两面，如果你的态度是悲观和负面的，也会得到"负反馈",进入恶性循环,最终导致灾难性后果。最常见的就是"自我拆台型"人格。

什么是"自我拆台型"人格呢?来看一个真实的历史事件:

《吕氏春秋》里面有一段记载:越国的国王是个多疑的人。他有四个儿子,有奸佞在越王面前挑拨,说他的大儿子要造反。自从听了这话以后,无论大儿子做什么,越王都觉得是在图谋不轨。最后,积怨成怒,他找了个借口把大儿子给杀了。

之后又有奸臣诬陷,说越王的二儿子和三儿子也要造反,结果这两个儿子也都被越王杀了。

当再有奸臣告诉越王,他的四儿子也要造反的时候,越王不信了,因为他就剩这么一个儿子了,王位早晚是他的,完全没有造反的必要。

这个四儿子却不是这么想的,三个哥哥的死让他终于明白,只要有人挑唆,父亲就会杀掉自己的儿子,如此下去,自己早晚也是一死。于是,他起兵造反,把越王给杀了。越王临死时还后悔,原来这个儿子果然在蓄谋造反。他到死都没明白,这样的惨剧其实是他一手造成的。

过于负面的情绪、强烈的自卑感以及对未来的恐惧,往往会让人对当前的形势作出错误的判断,从而导致当下的动作变形,或者为了防范他人而产生过度反应,使矛盾激化,以悲剧收场。人们总说"怕什么来什么",本质上也是这个原因。

像越王的这种性格,就属于"自我拆台型"人格。类似现象在我们平时的生活中并不少见。

比如,青年男女在谈恋爱的时候,如果一方心里总是觉得自己配不上另一半,就容易变得敏感,对方一个不经意的举动就怀疑是对自己不忠,于是开始严防死守,不给对方留适当的自由和空间。可是爱情这种东西就像手抓沙子一样,你握得越紧就越容易失去,最后还真就分手了。

很多管理者都认为,对于企业转型,员工一定会有抵触情绪,于是制定了各种防范措施和强制手段来迫使员工执行关于转型的政策,结果反而遭到了更强烈的抵制。有一位商学院的教授曾经说,教科书上都写着企业转型非常困难,可实际上,员工对待转型的态度,在最开始的时候都是中性的。

以上这些例子,正中了尼采所说的那句名言:"当你凝视深渊的时候,深渊也在凝视着你。"

其实人心就像水一样,没有固定的形态,你把它看成什么状态,它就会往什么状态"坍缩"。很多人的问题就在于,他总是将未来不一定会发生的事情,提前在现在产生矛盾。

那当我们遇到这种悲观负面的情绪的时候该怎么办呢?如何才能不让这种情绪把我们带入恶性循环当中呢?

罗振宇在《罗辑思维》节目中讲过一个寓言故事，也许能带给你一些启发：

从前有座山，山上有座庙，庙里有一个小和尚和一个老和尚，小和尚问老和尚："您年轻的时候都在做什么呀？"老和尚说："砍柴、烧水、做饭。"

小和尚又问："那您现在开悟了，又在做什么呀？"老和尚回答："砍柴、烧水、做饭。"

小和尚很失望："看来您活了一辈子也没什么进步啊！"

老和尚笑着说："虽然我没有很大的成就，但进步还是有的，以前我砍柴的时候想着烧水，烧水的时候想着做饭，做饭的时候想着砍柴；现在我砍柴时就想砍柴，烧水时就想烧水，做饭时就想做饭。"

晚清名臣曾国藩也有一个类似的心法，叫作"未来不迎，当下不乱，过往不恋"。对于可能发生但还没有出现的问题，不要迎上去提前解决它，只专心做好眼前的事，不过度防御；事情一旦过去，就再也不要去惋惜、后悔，或者留恋它。也就是说，只要你每次都把当下发生的事情处理好了，未来的结局在大概率上就是好的，很多潜在的矛盾会在你不断往前走的过程中逐一被化解。

我们所生活的这个世界并不只是冷冰冰的客观存在，而是有生命、有灵魂的，你怎样对待它，它反过来也会怎样对待你,虽然我们都生活在同一个时空下,但不同的人看到的世界是不一样的。当你认为周围开满了鲜花,你就生活在花园里;当你感到身边全是无情和冷漠,你的世界就被冷漠所吞噬;当你总是提防别人会欺骗或者陷害你的时候,你就会吸引更多充满恶意的人;当你用善意的眼光、乐观的态度来看待每一个人、每一件事的时候,地狱也能变成天堂。

用朱莉亚·格拉丝的话说就是:"我们最后到达的地方,实际上就是我们心中原本想要去的地方。"<u>而我们所看到的这个世界,也不过就是我们内心世界的投影而已。</u>

47. 原则思维：应对复杂的人际关系，只需要最简单的原则

搞好人际关系，是人生中的关键要务之一，与身边的人相处得如何，甚至会决定一个人的幸福指数。富兰克林曾说："成功的第一要素是懂得如何搞好人际关系。"特别是在工作种类不断细化、需要更多的人协同合作才能生存和发展的当今社会，不会处理人际关系，简直寸步难行。

可是要做到跟人长期和睦地相处，又何谈何容易？古人说："画虎画皮难画骨，知人知面不知心。"罗兰夫人也曾发出这样的感慨："认识的人越多，我就越喜欢狗。"可见，人性是多么复杂难测。

我自己在处理人际关系方面曾经也是个小白，以前也羡慕过那些处事圆滑、八面玲珑、左右逢源的人，甚至一度跟着学习模仿，可结果无异于东施效颦，不仅人际关系没有得到改善，还把自己搞得都不会说话了。"见什么人，说什么话"的为人处事方式实在是让人心力交瘁，直到后来做回真

正的自己，才逐渐走上了正道。

随着年龄的增长，经历得多了，才慢慢总结出一个道理：无论一个事物看起来有多复杂，它的本质都是简单的。《道德经》有言："为学日益，为道日损。"意思是，任何领域的知识和技能都是越学越多、越学越乱的，但事物的本质和大道却是越学越少、越学越简单纯粹的。

处理人际关系也不例外，虽然你每天都可能和形形色色的人打交道，但只要把握住一些简单的原则，基本就能应对大多数人际关系中的问题，从而将盘根错节的关系网络梳理得有序。那这些简单的原则是什么呢？

美国密歇根大学的政治学家阿克塞尔罗德用计算机模拟过一个类似"重复性囚徒困境"的实验。他从世界各地的顶尖编程高手当中征集了14个电脑程序，再加上他自己编的程序，总共15个程序一起参与一个游戏。在游戏里面，每个程序分别代表着一种"为人处世"的规则，程序和程序之间可以像人一样相互竞争或者彼此合作。游戏的目的是在多次博弈之后找出最有效的规则。

这15个程序就好像15个特别精明的人，在竞争与合作中不断地循环博弈。在这场充满信任与欺骗、忠诚与背叛的游戏当中，最终胜出的是一个名叫波拉波特的人设计的程序。他写的程序规则非常简单，只有4行代码，这4行代码如下。

（1）正直。在初次跟人打交道的时候，选择无条件地信任对方。

（2）诚信。答应别人的事，一定要做到，从而争取得到更多的合作机会。

（3）原则。如果你背叛我，那我就会惩罚你，或者以同样的方式背叛你。

（4）宽容。当你承认错误，改过自新之后，我会再次选择信任你。

从这4行代码当中我们可以看到，作为最终的胜利者，波拉波特的程序有以下三个特征。

（1）你得有规则，也就是我们平时说的做人要有原则。

（2）你的规则要简单，要有道德、有底线。

（3）你的规则要具有持续性和普遍性。

在这里要特别解释一下什么是持续性和普遍性。所谓持续性，是指你的规则在任何时刻都适用，今天别人成功了，你对人家好；明天落魄了，你就不理人家了，这种规则就是没有持续性的。所谓普遍性，就是这个规则对任何人都适用。举个例子，你借了你父母的钱不还可能没事，管其他人借钱就不能不还，所以借钱不还这个规则就不具有普遍性。

参加这场游戏的其他程序之所以失败，不是因为心怀鬼胎、坑蒙拐骗，就是因为欺骗和信任随机发生，没有规律，最终都被淘汰了。

从这个实验当中我们可以得出一个结论，或者说我们把最终胜出的程序的三个特征总结成一句话：面对复杂的人际关系，只要你能持续地用一种有道德、有底线的简单规则来对待所有的人，久而久之，你就是最终的胜利者。

什么是"持续地用一种有道德、有底线的简单规则对待所有人"呢？

记得有一次听罗振宇说，他们公司有一名员工，主要工作就是对即将上线的课程产品做最终的审核，而这些课程的作者大多是在各行各业中具有很高声望的大咖，没有一个是得罪得起的。若是一般人，这活就没法干了，可是这位做审核的老师多年来一直都坚持一个原则，就是只对作品本身负责，不管课程的作者社会地位有多高，只要有不过关的地方，都得拿回去修改；相反，就算作者名气不大，但是作品没问题，照样能通过审核。时间长了，大家就知道他从来都是对事不对人，毫无例外。刚开始可能会有些小摩擦、不愉快，但最终这名员工反而收获了所有人的信任，使得他几乎跟每个作者的关系都很不错。

面对复杂的工作环境和一群得罪不起的人，只对产品质量和工作结果负责，这就是他的简单规则。

几年以前我听一位投资界的前辈讲，他在大学刚毕业的时候，和一位同学一起分配到了一家国资企业。单位的人际关系非常复杂，一个不留神就可能站错了队，他自己因为受不了这种氛围，干了不到一年就离开了。

而他的那位同学呢，也是个典型的理工男，没什么心机，从来不会巴结领导，更不懂拉帮结派，把所有的时间和精力都放在了业务上，工作中也是对事不对人。因为他这种性格，刚来的头几年没少吃亏，可是在十几二十年之后，他却成了这家企业职位最高的人。

同学聚会的时候，别人问他有什么秘诀没有，他说也没什么，就是做好自己该做的事，因为无论环境有多么复杂，人心有多么险恶，<u>在工作上</u>，<u>业绩是评价一个人的最高标准</u>。对他来说，专心工作、对事不对人，就是他应对复杂环境的简单规则，这个原则让他赢得了信任。

要说将这个原则运用得最彻底的，还要数晚清第一名臣曾国藩。

很多人都知道曾国藩的智商其实并不高，能官居一品全靠勤奋，可多数人不知道的是，他的情商其实也不高。

曾国藩在初入官场时，因为年轻气盛，又急于作出一番事业来证明自己，所以在处理问题的时候，态度比较强硬，手段也有些激进，因此得罪了很多人。

后来，曾国藩的母亲去世，他回家守孝。在这段时间里，他进行了深刻的自我反省，最终领悟到了"大柔非柔，至刚无刚"的道家思想，从此彻底完成了一次心智模式的转变。

等到曾国藩复职之后，他便决定放下身段，谦卑下来，"以天下之至柔，驰骋天下之至坚"。在跟其他人一起共事的时候，他只坚持一个原则，那就是只看事情的结果，只要结果对了，过程中出现一些瑕疵或者纰漏也没关系；别人做事的方式和手段，即使自己不认可，也不再过问；有人在背后使绊子，就忍着；有人捅刀子，只要没有致命伤，也不追究，自我疗愈一下就过去了。

时间一长大家就都知道，曾国藩这人就这样，虽然毛病不少，但是人不坏，和他一起共事，只要结果是好的，就没什么问题。就这样，他的信任和威望也就慢慢地建立起来了。

从曾国藩后来的为人处事当中，我们知道，只看结果就是他的简单规则。

当面对各种复杂的人际关系的时候，为什么要给自己设立一个能够长期坚持并且普遍应用的简单规则呢？因为只有这样，才能让别人以最短的时间、最低的成本知道你是一个什么样的人，以及怎么跟你相处才是安全的。一旦你对不同的人采取不同的态度，厚此薄彼、反复无常，就会把你的人设搞复杂，哪怕你的出发点是好的，也不免让人时时警惕、处处提防，让人觉得难以相处。

我听过一句很有智慧的话，说真正懂得经营人际关系的人往往是那些对人际关系最不看重的人。这里所说的不看重并非不重视，而是一种不刻意的态度。因为越是刻意，就越容易丢掉底线，到头来反倒是千头万绪，结成死结，无法拆解。当你不那么重视它的时候,也就不会太在意别人会怎么想,从而越容易树立起自己的原则。

说人际关系不好处理,其实很多时候是我们把问题搞复杂了。关于这一点,我始终都坚信:<u>你简单,这个世界就对你简单</u>。

48. 界限思维：珍惜友谊，一定要把握朋友间的界限

前段时间，有个多年没联系的前同事给我打电话，也没什么特别的事，就是最近工作不顺、心情不好，想找个人聊聊天。简单寒暄之后，紧接着就是他的一顿吐槽。

在电话里他具体说了什么，我现在几乎忘得差不多了，但有一句话我依然记得很清楚。他说最让他难受的是想要找人聊天的时候，突然发现微信里400多个联系人，翻了半天居然找不到一个可以听他说话的人。最后没办法只能矮子里面拔将军，这才"选中"了我。当时我心想，我怎么这么"幸运"呢？要是买彩票有这种运气就好了……像他这种虽然认识很多朋友，却找不到一个可以交心的人，同样也是很多在大城市打拼的年轻人真实的生活写照。

科技的进步以及互联网、大数据、人工智能的发展正在不断打破人们的社交界限，让交际圈子更加广泛、丰富和多样化。与此同时，也使得人与人之间的长期交往和深度交流

变得越来越难。"朋友"这种东西，成了一种稀缺资源，而所谓人脉，也远远不是微信好友的数量所能够定义的。根据邓巴系数，我们每个人稳定社交人数的上限是148人，这是人类智力所能达到的极限。然而在实际生活中，绝大多数人的稳定社交人数远远达不到这个数字，不夸张地讲，你身边能有三五个能谈心的朋友，就很不错了。

人生苦短，命运多舛，能认识多少人，要看缘分，能结交多少朋友，还得看你的人品和为人处事的水平。有些看似牢不可破的关系，其实是相当脆弱的，建立关系也许需要很长的时间，可要毁掉它，一两件事就足够了。

如果你不想失去你为数不多的朋友，一定要树立朋友间交往的界限思维。尤其是以下这三件事，需要你三思而后行。

🧠 商业合作

在现如今的社会环境下，只靠个人的力量是很难做成事情的，特别是想要创业做生意的时候，找几个志同道合、三观一致的朋友一起合作，是再正常不过的事了。然而会发生一些可悲的事，如在刚开始的时候，大家都喜欢谈理想、讲情怀，到后来真把事做成了，产生巨大利益的时候，创始人之间常常会因为利益分配的问题而产生分歧和矛盾。当然，也有更坏的结果：事没做成，朋友也没了。亲戚朋友之间合伙会出现这样的场景：前期同心同德，中期同床异梦，后期同室操戈，最终同归于尽。

古今中外，为什么有些人可以同甘却不能共苦呢？这可不是一句简单的"人性的贪婪"就能解释的。在心理学中，有一种现象叫作聚光灯效应。

有心理学家对很多对夫妻做过一项调查，分别询问夫妻双方，在家的时候各自承担多大比例的家务劳动。结果显示，每一对夫妻的比例之和都大于100%，有的是120%，有的会更多。这项研究得出一个结论，在任何合作体当中，每个人都会因为对"自我"的聚焦，高估或者夸大自己的贡献和感受，同时会低估或者漠视别人的贡献和感受。夫妻尚且如此，更何况朋友之间。在一个团队中，如果每个合伙人都高估自己的贡献，那么因为利益分配而产生矛盾就是必然的结果。

当然也有例外，李嘉诚曾说："在与别人合作的时候，如果拿七分合理，八分也可以，那我只拿六分。"没有这种胸怀，就别跟要好的朋友合伙做事了。如果非合作不可，那就一定要在最开始的时候把未来可能产生的收益和损失，以及相应的分配机制讲清楚，最好落实到纸面上。很多人就是因为没能做到这一点，觉得事情还没做就谈钱谈利益，实在太伤感情。其实恰恰相反，只有把丑话说在前头，才能更好地保护自己和其他团队成员的利益，让团队的合作事业走得更远。

相互借贷

莎士比亚在《哈姆雷特》中写道:"不要向别人借钱,那将使你失去节俭的习惯;更不要借钱给别人,因为你不仅会失去本金,也会失去朋友。"

现如今网络贷款和办理信用卡的渠道越来越多,也越来越便捷,使得朋友之间借钱的现象比以前少多了,但还是会有。如果你珍惜你的朋友,就要尽可能地减少经济上的往来,很多关系的破裂都是因为借钱不还导致的。对于借钱这种事,有一个亘古不变的铁律就是,经常借钱的人,大概率是不会还钱的。

为什么?

因为"借钱"这个动作,本质上是和"不自律"画等号的。你想,除非发生意外,一个人如果经常借钱,那就表明他的财务状况是很糟糕的,一个连自己的财务都管理不好的人,又何谈"自律"呢?相反,"还钱"这个动作却是需要"自律"才能办到的。前面讲过一个心理学现象,叫作损失厌恶。意思是你获得一样东西所带来的快乐,远远低于失去它而感受到的痛苦。也就是说,还钱的痛苦要比借到钱时的快乐大得多,这是由人的本能决定的,跟道德、人品完全没关系。所以,要完成"还钱"这个动作,就必须用足够强大的"自律"才能战胜这种本能,去承受损失厌恶的痛苦。

由此可见,一旦借贷情况发生,无论最后的结果是对方欠债一直没还,还是经过你多次催促之后还给你了,都会伤害你们之间的感情。

所以，除非特别原因，不要随意借钱给朋友，如果实在不好意思不借，可以根据对方的信用借出一笔，但必须是自己的生活不受影响，即使对方不还也能承受的金额。如果对方真的没还，下次就不要再借了。同时要严格约束自己，尽量不要向朋友借钱，这不仅是把自己的财务危机转嫁给别人，也是在告诉对方你是一个管不好自己的人。

轻诺寡信

熟人之间平时免不了相互帮衬一把，当朋友有求于你，又是在你能力范围之内的事情，能帮忙当然最好，可如果你做不到或者不想做，就要敢于拒绝，并且越果断越好。

果断拒绝的好处在于，对方如果早知道你做不了，会想其他办法或者找别人做，不耽误事。时间长了，别人也就知道你能力的边界在哪儿，你的原则是什么，什么事可以找你、什么事不该找你。可有的人就是因为碍于面子，明知道自己做不到、有难处，却还是因为怕伤了关系而答应下来，结果拖了很长时间也没结果，最后不仅面子没找回来，还把别人的事给耽误了，搞得双方都不愉快。永远记住一句话，拒绝别人并不丢脸，答应了不去做或者没做到才真的丢脸。帮人不在于次数多，而在于成功率要高。

面对别人的诉求，即使自己能做到，在承诺之前也最好留一个充分考虑的时间，因为很多事情看起来容易，可真到做的时候,你会发现那个难度远远超出了自己的能力。下面说一件我亲身经历的事情。

几年前我参加过一个公益组织活动,当时参加活动的人不少,有几个人跟我一样也是程序员出身。大家合计了一下,既然都是同行,那不如趁这个机会一起干点儿有意义的事儿,就打算为伤残儿童救助中心开发一个募捐网站,难度不大,但需要占用一些业余时间。在奉献精神的驱使下,每个人都很热情,于是立刻开始做规划,分配任务,制定工作进度。

等到一个月之后该交作业的时候,有两个人一直没动静,多次询问之后才知道他们居然还没开始动手做。其实我很能理解他们的难处,搞软件开发的人平时经常加班,很难有空闲时间再做其他项目,可即便如此,我还是在心里把这两个人给拉黑了。他们的问题在于,作决定之前,没有对自己的时间和精力作出合理的评估,因为自己的失误而影响了整个团队的进度。更过分的是,他们没有提出任何补救措施和替代方案。很多事情就是这样,你能做、你会做,并不代表你能做好、你能做成。

如果事情做到一半,才发现自己根本没有能力履行承诺,那就一定要主动做好善后工作。

罗永浩在做手机那几年,曾接受罗振宇的邀请,在得到App上开设了一门以创业为主题的专栏课程。我当时怎么也想不通,作为一家大型科技公司的创始人,他怎么可能挤出时间每天都更新一篇专栏文章呢?

后来不出所料,到第四个月的时候,罗永浩果然坚持不下去了,因为实在忙不过来。以罗振宇的作风,是绝不允许这种事情发生的。当时我很好奇两个人会不会就此闹翻,然而事实上并没有。

因为罗永浩的善后工作做得特别到位,不仅诚恳道歉、全额退款,还自己掏钱给每个购买专栏的用户多退了50元钱。这些用户相当于白听了4个月的课,还额外获得了50元的赔款。事情做到这个份儿上,所有人除了愉快地表示理解之外,还能说什么呢?

比尔·盖茨说:"成功的秘诀,是把别人的鞋子穿在自己的脚上。"这句话用在人际关系上特别合适,虽然每个人有不同的性格特点,但人性是永远不变的,只有在坚持原则的基础上不断地换位思考,懂得体恤别人的难处与不易,将心比心,感同身受,这样才能广结良缘,维护好各方面的人际关系。

49. 类聚思维：择偶的底层规律是什么，大数据告诉你答案

如何选择合适的终身伴侣，是每一个未婚男女都格外关心的问题，也是经常被热烈讨论的话题。

当我们看到周围人的婚姻中男女双方总是在某些方面存在着不小的差距，就会认为两个人越互补就越适合结婚；

当我们听说家庭背景不同的夫妻离了婚或者经常吵架，就会得出结论：结婚对象一定要找门当户对的，否则日子根本没法儿过；

当有一天"公主"抛弃了"青蛙"，或者"王子"甩掉了"灰姑娘"，也会让我们唏嘘感叹，原来男人还是看脸，女人还是爱钱啊……

这些结论是否可信，不能仅凭肉眼所见或者道听途说来判定，要想得到相对客观的结论，找到婚恋关系的底层规律，案例的样本数量得足够大才行。社会学家和心理学家在对恋爱中男女双方的择偶观进行了大量调研之后，得出了以

下三个统计结论。

第一，互补性的确存在，但相似的人更有可能走到一起。

艾奥瓦大学教授罗珊红和伊娃·克洛男对将近300对夫妇进行了走访调查，发现夫妻双方在各方面越是相似，婚姻满意度就越高。这里说的"相似"，不是因为长期生活在一起而逐渐形成的，而是他们一开始就很相似。也就是说，所谓"夫妻相"并不是源于长期的共同生活，而是来自最初的选择。

对202对情侣的调查结果显示，他们当中有一半人最终选择分手，分手的情侣们彼此在很多方面存在着较大的差异，如宗教信仰、价值主张、性格特征等。

进化心理学家戴维·巴斯发现，无论是在未婚情侣当中还是在新婚夫妇当中，相似的人更有可能走到一起。比如，外向的人找外向的人，随和的人找随和的人，成熟的人找成熟的人，开放的人找开放的人，等等。

虽然相似的人更有可能在一起，但并不是说"互补"就一定不好，只是侧重点不同而已，最好的结果是男女双方在价值观和性格上相似、在能力上互补。

第二，门当户对是应该的，但并不是物质上的门当户对。

由相似性而导致的门当户对效应确实存在，但并不是家庭条件、经济状况、社会地位上的门当户对，而是在价值观、品格、学识、能力、眼界、认知上的旗鼓相当。简单来说，就是一种精神上的门当户对。

中国古代的婚姻特别讲究门当户对，那这个观念到现在还适用吗？关于这个问题可谓众说纷纭，有两种比较极端的观点：一种认为门当户对是旧社会的封建思想，不适合现代社会，年轻人找对象彼此看对眼谈得来就行，家庭条件不应该成为自由恋爱的枷锁；另一种观点则是有些人在经历了失败的婚姻或者恋爱，被现实毒打过之后，发现找对象只看人品太片面了，原来老一辈人所讲的"门当户对"才是正确的婚姻观。

这两种观点哪个对呢？先别着急下结论，要回答这个问题，我们先要知道为什么以前人们一说到婚姻，总是特别强调要门当户对。因为在过去，教育资源是极其稀缺和匮乏的，只有有钱人家的孩子才上得起学、读得起书，如果穷人和富人结婚，就会出现夫妻双方因为受教育程度不同而导致的价值观、思想、眼界、认知上的巨大差异，很难愉快地生活下去。因此，所谓门当户对，本质上是因为物质条件的对等而形成的精神层面的般配。<u>物质只是表象，精神才是本质</u>。

但现代社会跟以前不一样了，教育已经在全社会范围内得到广泛普及，穷人也上得起学了，有的人虽然家庭条件不算好，但通过自身的努力学习也能成长为一流人才。所以对于现代人来说，物质上是不是门当户对，并不能决定两个人在精神层面是否在同一个高度。由此我们可以得出结论，现代人谈恋爱结婚要不要讲门当户对呢？要讲，但主要在于精神层面，物质条件只能作为参考。

精神上的门当户对之所以重要，是因为这意味着两个人在人生目标以及生活中的重大决策上更容易达成一致，就算出现矛盾和分歧，也相对容易和解。正如夏洛蒂·勃朗特说："爱是一场博弈，必须保持永远与对方不分伯仲、势均力敌，方能长此以往地相依相惜。因为过强的对手让人疲惫，太弱的对手令人厌倦。"

第三，相比外貌和财富，双方更看重性格。

一说到情感方面的话题，相信你一定听过类似下面这样的论调：

（1）在这个现实的社会里，已经没有真正的爱情了；

（2）在美色和金钱面前，爱情就是个幌子；

（3）无论哪个年龄段的男人，都喜欢 25 岁左右的女孩；

（4）多数女人宁愿坐在宝马车上哭，也不愿坐在自行车上笑。

该怎么解释这些说法和现象呢？

社会的确有非常现实的一面，金钱、美貌等外在条件如今已经成为男女双方择偶时重要的考量标准，但我们并不能就此简单地把问题的原因归结为现代人的道德滑坡了。其实这些现象在很大程度上都是由自然选择和人类遗传基因导致的。

进化心理学家戴维·巴斯曾针对37个不同地区、不同国家、不同种族和文化的人群做过一次调研，收集了10037个样本，最终得出一个结论，男人和女人在择偶时有一个普遍存在的倾向：男人更看重女人的生育能力，女人更看重男人的经济状况。

巴斯对这一现象的解释是，人类择偶的终极目的是种族繁衍，把自己的基因传承下去，而男人和女人为了达到这一目的会面临不同的挑战。

男人要和生育能力强的女人结婚，才更有可能生下健康的孩子，25岁左右的年龄是女性生育能力达到巅峰的时期，而长得漂亮也是健康基因的外部特征，也与生育能力息息相关。因此，男人就会本能地喜欢年轻貌美的女子。

对于女人来说，在生孩子这件事上投入的成本比男人大得多，不仅要怀胎十月，分娩的时候还可能会有生命危险；就算顺利地生下了孩子，产后还要用大约一年的时间哺育婴儿，以至于无法正常工作，没有独立的经济来源。所以，女性在选择配偶的时候会更加谨慎，自我保护的忧患意识迫使她们更倾向于选择那些拥有更多资源、经济能力更强、在她们生下孩子之后具有抚养能力的男性。

讲到这里，我们似乎更加佐证了择偶时男人看重外貌、女人爱慕财富这个结论，但需要特别注意的是，这只不过是男女双方在择偶时的一种倾向而已，这种倾向在真正做决定的时候并不占主导地位。心理学家巴斯的实验只考察了男女之间的差异，其实男女双方还有一个共性，就是对彼此"性格"的看重程度要远远高于其他因素。也就是说，无论是男人还是女人，虽然他们各自有不同的择偶倾向，但是在多数情况下，到真正决定跟谁结婚的时候，性格才是他们最重要的考量因素。

社会学家弗莱切也发现了这个现象，当财富、地位、长相、年龄与性格相冲突的时候，大部分男女都会优先选择性格更加适合自己的人做配偶。

所以，如果你不具备容貌、财富等方面的优势，并不表示你一定会在择偶的竞争中处于下风，因为你还可以打造另一项优势，那就是培养自己的性格。

50. 弱联思维：真正帮到你的人，往往都跟你不熟

自古以来，中国人特别看重关系和人脉，老话经常讲，"朝廷有人好做官，厨房有人好吃饭""在家靠父母，出门靠朋友""多个朋友多条路"等。就连成功学大师卡耐基也曾说："一个人的成功，只有15%靠个人能力，剩下的85%全靠人际关系。"

以前，别人一跟我提人脉，我就特别郁闷，现在我基本上不会太在意这件事了，因为在当今社会，人们口中所谓"人脉"的影响力正在弱化。当然，我并不是说人际关系不重要，如今人际关系依然很重要，只是它的形态以及起作用的方式正在发生改变，像那种需要努力维持才能存在的"强关系"，将会被不需要刻意维护就能获得的"弱关系"所取代。

什么是"强关系"和"弱关系"

著名社会学家、斯坦福大学人文与社会科学学院教授马克·格兰诺维特，根据人与人之间在情感方面的亲密度以及彼此之间的联结强度，把人际关系分成两种，一种是强关系，另一种是弱关系。

所谓强关系，就是那种彼此特别要好、知根知底，或者经常联络、互动的关系。比如，家人、亲戚、朋友，或者一起同过窗、一起下过乡、一起扛过枪的人。强关系主要靠情感来维系。

而弱关系是那种虽然我们都属于某个共同的群体，但彼此之间并不熟悉，有的甚至连面都没见过，是在某种社会规则的约束下偶尔产生连接或者交互的关系。比如，在同一个社群里的网友，喜欢同一个偶像的粉丝，不在同一个部门的同事，等等。弱关系主要靠契约来维系。

平时我们一说到交朋友，有一个被普遍接受的观点就是，质量比数量更重要。其实未必，关键还要看你交友的目的是什么，倘若只是单纯地为了惺惺相惜，"海内存知己，天涯若比邻"，一个知心伙伴确实远远好过十个狐朋狗友；可如果你经营人际关系的目的比较功利，以未来有一天能用得上为目的，那还是数量多的"弱关系"更有优势。

"弱关系"比"强关系"更有用

20 世纪 70 年代，格兰诺维特在波士顿附近的区域调查了100个不同职业的人，其中有54人是通过个人关系找到工作的。但是这些"个人关系"中，只有16.7%是每周至少能见两次面的强关系，其他都是很少见面，甚至一年也见不了一次面的弱关系。

2012年，Facebook的数据团队开展了一项研究，想知道人们在社交网络上阅读和浏览的各种信息当中，从哪些途径获得的信息更有价值，研究人员将收藏转发率作为衡量信息价值高低的一项关键指标。

研究结果表明，从弱关系那里得到信息后收藏或者转发的概率，是强关系的1.5倍。但是这并不能说明，从弱关系上获得的信息质量就比强关系高1.5倍，因为从强关系获得的数据远比弱关系多得多，如果把这个数量的差异也考虑进去，进行加权平均之后发现，来自弱关系的信息质量比强关系要高出很多很多倍。

社会学家吕夫访问过766名创业者，得到了这样一组数据：38%的创业想法是从家人、朋友这种强关系中获得的；52%受到客户、合作伙伴、资讯媒体之类的弱关系的启发。如果公司的信息网络是由弱关系构成，那么产品的创新能力将会提升1.5倍。风险投资的对象越是强关系，成功的概率越低，如果投资的对象是你合作过的同事，投资成功率会降低18%；如果是同学，则会降低22%；如果是亲戚，则会降低25%。

为什么弱关系比强关系更有用呢？

因为从本质上说，在人际关系中，价值最大的部分不是"人"，而是"信息"。说白了，"朋友"这种关系，给你带来的最大好处，不是他能帮你做什么，而是他能带给你什么质量的信息，是不是能改变你看世界的角度，或者让你有更高维的眼界和思维方式。

跟你是强关系的那些人，大多和你是同一类型、同一阶层的人，他知道的东西你都知道，你知道的事情他也知道，相互之间很难起到消除信息不对称的作用；可弱关系就不一样了，形形色色的人都有，彼此之间的差别也比较大，获得有用信息的概率也就更高。

🧠 弱关系最厉害的地方在于，它是一个跨圈层的关系网络

2010年，有3个美国研究员想知道一个人的财富状况与他的人脉网络之间有没有关系、有什么样的关系，于是他们找来了全美国2005年所有的通话记录，在进行了大量分析和统计之后发现，一个人在财富榜上的排名跟人脉的多样性之间的相关系数为0.78。也就是说，越是富有的人，就越会跟不同类型的人交往。

这就是弱关系的力量，与强关系相比，一个人的弱关系往往对自身的影响更加深远。

那强关系是不是就没用了呢？也不是，强关系依然有用，只不过它起作用的方式正在发生变化。强关系最大的作

用在于情感上的依托以及精神上的慰藉。

比如，平淡的生活中免不了遇到糟心事儿，让你感到郁闷、迷茫、无助，单靠自己很难振作起来，不如找两三个好友谈天说地，或许心情就好多了。这是只有强关系才能办到的，弱关系不行。

当然，强关系和弱关系也并非固定不变的，两者是可以相互转化的，随着时间的推移，强关系也许会变弱，弱关系也可能会变强。

参考书目

1.［美］沃尔特·艾萨克森:《史蒂夫·乔布斯传》,中信出版社,2011年版。

2.［美］丹尼尔·平克:《全新思维:决胜未来的6大能力》,浙江人民出版社,2013年版。

3.［美］史蒂文·约翰逊:《伟大创意的诞生:创新自然史》,浙江人民出版社,2014年版。

4.［美］斯蒂芬·盖斯:《微习惯:简单到不可能失败的自我管理法则》,江西人民出版社,2016年版。

5.古典:《跃迁:成为高手的技术》,中信出版社,2017年版。

6.万维钢:《高手:精英的见识和我们的时代》,电子工业出版社,2017年版。

7.［美］罗伯特·弗兰克:《成功与运气:好运与精英社会的神话》,北京联合出版公司,2017年版。

8.［美］查尔斯·都希格:《习惯的力量:为什么我们这

样生活,那样工作》,中信出版社,2017年版。

9. 刘润:《5分钟商学院》,中信出版社,2018年版。

10. [美]罗伯特·麦基,托马斯·格雷斯:《故事经济学》,天津人民出版社,2018年版。

11. [美]塞德希尔·穆来纳森,埃尔德·沙菲尔:《稀缺:我们是如何陷入贫穷与忙碌的》,浙江人民出版社,2018年版。

12. [英]大卫·班布里基:《中年的意义》,北京联合出版公司,2018年版。

13. 万维钢:《你有你的计划,世界另有计划》,电子工业出版社,2019年版。

14. [美]纳西姆·尼古拉斯·塔勒布:《黑天鹅:如何应对不可预知的未来》,中信出版社,2019年版。

15. [日]山下英子:《断舍离》,湖南文艺出版社,2019年版。

16. [日]稻盛和夫:《活法》,东方出版社,2019年版。

17. 华杉、华楠:《华与华方法:企业经营少走弯路、少犯错误的九大原理》,文汇出版社,2020年版。

18. 万维钢:《万万没想到:用理工科思维理解世界》,电子工业出版社,2020年版。

19. 罗振宇:《罗辑思维》,文汇出版社,2020年版。

20. [美]纳西姆·尼古拉斯·塔勒布:《反脆弱:从不确定性中获益》,中信出版社,2020年版。

21. 刘澜:《领导力的第一本书：听大师讲领导力》，机械工业出版社，2021年版。

22. ［美］彼得·考夫曼:《穷查理宝典：查理·芒格智慧箴言录》，中信出版社，2021年版。

23. ［美］大卫·B. 尤费、玛丽·夸克:《柔道战略：新兴公司战胜行业霸主的秘诀》，中信出版社，2021年版。

24. ［日］稻盛和夫:《干法》，机械工业出版社，2021年版。

25. 吴伯凡，"伯凡·日知录"专栏得到App。